JN048584

測る世界史

「世界の基準」となった7つの単位の物語

ピエロ・マルティン 著

川島 蓮 訳

朝日新聞出版

測る世界史

「世界の基準」
となった
7つの
単位の物語

はじめに

ビートルズとCTスキャン

あの日の夕方、西ドイツのハンブルクのグローセ・フライハイト通り64番地で、インドラ・ミュージッククラブはいつものように店を開けた。1960年8月17日のことである。夜の気温は10℃以下まで下がった。

その夏の終わり、エルビス・プレスリーの曲「イッツ・ナウ・オア・ネヴァー」が世界のヒットチャートをにぎわせている一方、西ドイツで成功を収めていたのは、前年にエディット・ピアフが出した「ミロール」のカバーをしたダリダだった。

インドラ・ミュージッククラブの外で待っていた若者たちには、今から演奏を始める無名のバンドが、音楽界に革命を引き起こすことなど想像すらできなかっただろう。それは、頭文字で「ＥＭＩ（Electric and Musical Industries）」と呼ばれるレコード会社の重役たちも同じで、この無名のバンドが自分たちの会社に与える影響を知る由もなかった。

その30年前に英コロムビアと英グラモフォンという二つの会社の合併によってロンドンに設立されたＥＭＩ社は、イタリアでは「ＨＭＶ（His Master's Voice）」というレーベルに由来する「*La Voce del Padrone*」という歴史的なブランドとして知られ、音楽産業の主役を担っていた。１９３１年には、ＥＭＩ社のエンジニアだったアラン・ブラムレインがステレオ録音とステレオ再生の特許も取得していた。

ＥＭＩ社は、60年代には、大ヒットのレコードをいくつも出し、電子分野でも華々しい研究開発を進めていたが、あの8月17日、ジョン・レノンとポール・マッカートニーとジョージ・ハリソンが最初の曲をＥＭＩ社で演奏したことで、何かが変わり始めた。ハリソンとレノンとマッカートニーは、ピート・ベストとスチュアート・サトクリフと一緒にその少し前にビートルズを立ち上げていて、後にリンゴ・スターがベストとサトクリフの代わりに入るのだが、ハンブルクでのステージが、ビートルズとしての初めての海外演奏だった。

その日以来、ビートルズは48日間連続で、インドラ・ミュージッククラブでのコンサートを行うことになる。以降、ロンドンのサヴィール・ロウ通り3番地の建物の屋上での最後のコンサートまで、9年間演奏をし続けた。そしてこの期間に一時代がつくられたのである。

第二次世界大戦が終わると、軍需産業に大きく関わっていた電子産業は、民間産業に移行し始めた。

すでにこの電子産業で経験を積んでいたＥＭＩ社の経済的な成功は、50～60年代のロックとポップミュージックの爆発的人気とともに訪れた。アメリカのキャピトル・レコード買収や、所属ミュージシャンたちの成功、特に、１９６２年に結ばれたビートルズとの契約によって、大きな名声と驚くべき収入を得た。

ＥＭＩ社の研究者たちが60年代に進めたもう一つのプロジェクトは、ＣＴスキャンとしてよく知られる、医学部門でのコンピューター断層撮影技術の開発であった。

ＣＴスキャンは、現在、医学の基礎的装置であり、非常に高い精度で人体内部の映像再構成ができるものである。技術者ゴッドフリー・ハウンズフィールドが、南アフリカ出身の物理学者アラン・コーマックが展開した理論を使い、ＥＭＩ社の研究所でこの装置を実用化した。コーマックとハウンズフィールドの二人は、この技術の開発で１９７９年にノーベル生理学・医学賞を受賞した。

ビートルズ自身が言ったわけではないが、この非常に重要な医学用診断装置が誕生したのはリヴァープールの四人組バンドのおかげだと、その後長きにわたってささやかれるようになった。というのも、彼らの歌によってＥＭＩ社が得た莫大(ばくだい)な収益と比較すると、ＣＴスキャン研究への資金援助は、その儲けのほんのわずかで事足りた、という噂があったためだ。だが実際は、カナダ人科学者であるジィーヴ・マイズリンとパトリック・ヴォスが2012年に『コンピューター断層撮影ジャーナル』に発表した論文報告によれば、EMI社がCTスキャン研究に対して行った資金援助は、イギリス政府のものよりも明らかに少なかったという。

それでも、ビートルズが現代文化にもたらした大きな貢献とEMIの社員たちのおかげで、今日、人命の救済を日々支えるかけがえのない医学用診断装置が存在するということは重要である。

特定の源泉から放射され、人体を通って伝えられるX線を測定し、そのデータから詳細な画像を再構成する機器。CTスキャンは、測定することによってどのように私たちについての情報を得られるかを示す一つの例である。これは、体温や血圧、心拍数の測定も同様である。

測定とは、ある物理量や現象の性質に、あるいは、私たちを取り巻く自然や世界の、客観的な値を与えることのできる面に、一つの数や一連の複数の数を当てて表す行為すべてのことを指している。つまり、適切な機器を使って、ある量を、基準となる測定単位という量と比較し数値化することである。体温の場合、機器は体温計であり、測定単位は℃（摂氏、セルシウス度）である。

4万年前から人類は測ってきた

これまで常に、人間は、取り巻く世界を測定してきた。

世界を知るために、探求するために、そしてそこで生きるために、自分の仲間と交流するために、正義を貫き、正義をもたらすために、そして神と関係を保つために測定してきたのである。例えば、時間の測定と生活との関係に思いをはせればすぐわかるように、古代から現在まで、測定することとは、人間の生活を紡ぎ、人間と自然の関係や超自然的なものとの関係も築（きず）いてきた。

人間は、過去を知り、現在を理解し、将来を計画するために世界を測るのだ。

4万年前、現在のフランスに生きていた人が、マンモスの牙の板に、1年間の月の満ち欠けの記録と思われるもの、今で言うところの一種のポケットサイズのカレンダーを刻んでいた。

人は、自身の創意工夫の賜物（たまもの）である機器を使って、自身の意志で測定する。

自然の中には、昼と夜の入れ替わりや季節の一巡などのように定期的に起こる現象や、マメ科のイナゴマメの種のように非常に規則的な形と重さの物体がある。そういうものを測定するために使った日時計や天秤、物差しなどは、人間の独創性の結晶である。

最初のモノサシとしての人体

文明の黎明期には、誰もが持っていていつでも利用できるもの、つまり人間の身体が、測定に使われたのは驚くことではない。腕、指、脚（股から足首まで）、足（踵から足先まで）は便利な道具であり、普遍的に利用可能であり、多少のばらつきはあるが、ほぼ同じ大きさである。成人が手を開いたときの親指の先から小指の先までの長さ五つ分、すなわち5スパンの布は、多かれ少なかれ世界のどこでも、約1メートルである。

結果、身体の部位を使った測定単位は世界中どこにでもある。例えば、腕尺は、肘の端から中指の先までのおよそ50センチの長さにあたり、エジプトやヘブライ、シュメール、ラテン、ギリシャなど、地中海地域の多くの文化圏で使われていた。足の長さを基にした単位は、中国、古代ギリシャ、ラテン文化圏にあった。古代ローマには「歩数」があり、１０００歩

レオナルド・ダ・ヴィンチ
『ウィトルウィウス的人体図』

で数えると、1ローマイルとなる。

古代ローマではまた、およそ紀元前80年から紀元前20年ころにかけて生きていたマルクス・ウィトルウィウス・ポッリオが、建築の百科事典と言われる『ウィトルウィウス建築書（*De Architectura*）』を書いている。第3書第1章で、ウィトルウィウスは次のように言う。「神殿の構成はシュムメトリア（調和）から定まる。この原則を建築家は十分注意深く遵守しなければならない。これはギリシャ語でアナロギアといわれる比例から得られる」

そして、比例を人間の身体の比率に関連づけて言う。「人間の身体は自然によって次のようにデザインされている。顔は顎から額の上限の髪の生え際までが身長の10分の1、（中略）足の長さは身長の6分の1、前腕部は4分の1、胸幅も4分の1。身体の他の部分にもそれぞれの計測比があり、古代の有名な画家や彫刻家は、これらの比率を使って、この上ない無限の名声を得たのである」

ベネチアのアカデミア美術館に収蔵されているレオナルド・ダ・ヴィンチの最も有名で象徴的な作品の一つ、『ウィトルウィウス的人体図』は、このウィトルウィウスから名前を取っている。

ダ・ヴィンチとほぼ同時期に、ドイツのヤコブ・コーベルが、長さの測定単位を人間の身体を基準にして定義しようとした。ある日曜日の朝、教会から出てきた16人の成人男性に足を前後に一列に並べさせ、その長さを単位として定め、「ルード」と名付けた。これは、ドイツの類似の古い単位であるロータ（*Rute*）から派生したものであり、さらにその起源は、2・956メートルという10足の足の長さを示す古代ローマの「*pertica*」という竿（さお）の長さにさかのぼる。

測定が「権力」と「信頼」をつくり出す

人間は社会的生きものであり、測るという行為によって、仲間と関係を築くことができる。文明の黎明期以来、人間社会は測定の方法を共有することが必要となり、それは、共同体社会が拡大し、より構造的になるにしたがって、その強力な接着剤になった。

偉大な古代文明（エジプト、アッシリア・バビロニア、ギリシャ、ローマなど）において、多数の小さな地域社会間の境界を越える共通の測定システムが必要となった。そのため、測定システムを定めるのに力が注がれたのは当然である。

およそ紀元前1850年のファラオ、センウセレト三世は、効率的に税金を徴収するためにナイル川のほとりの耕作可能な土地の測定システムを入念につくり上げた。ローマ街道沿いの標石はローマからの距離を示し、女神ネメシスは天秤と定規で表象されている。また聖書には、「正しいはかりと天びんとは主のものであ」り、「袋にあるふんどうもすべて彼の造られたものである」（日本聖書協会、『聖書［口語訳］』、1955年、箴言／16章11節、899頁）と書かれている。

測定することと、それを人民にとって共通のものと定め、同時に恐れを抱かせるものにする能力は、権力の象徴であり、神との絆（きずな）であり、帰属意識と相互信頼を表すのだ。古代エジプトでは、天秤で死者の心臓の重さを量り、彼らの死後の運命を決定した。ベネチア共和国（697年~1797年）では、さまざまな種類の魚を売るために市場の石碑に最小の長さを掲示した。また、現代でも、メートルやキログラムなどの単位の参照基準のサンプルが、首都の中央政府の近くに保存されている。

測定は権力であるが、相互信頼でもある。私たちが重さや長さによって何かを購入するとき、自身で測定器を持参する必要を感じないのは、信頼できる機関が参照基準を維持してくれているおかげである。もっとも、空港のチェックインカウンターで手荷物が機内持ち込みとして認めるには重すぎると言われたとき、重量計が正確に機能していないのではないかと考えたことは誰にでもあるだろうが。

歴史を動かし続けた測定

測定のシステムは、歴史的事象の鏡である。ローマ帝国の崩壊とともに、ヨーロッパが中世の暗黒時代に入ると、共同体の社会的および政治的衰退によって、測定システムは徐々に崩壊し、再び地域に限定されるローカルなものになった。

そして、社会発展の壮大な展望によって突き動かされる歴史の転換期に、測定システムがそれまで以上に大規模に標準化されるようになるのは偶然ではない。

カール大帝（768年～814年フランク王、800年～814年西ローマ皇帝）は標準化を試みたが、うまく行かなかった。

数世紀後、『マグナ・カルタ』は、商業のために、体積、長さ、重量の測定についての規則を定めた。実際、第35条には、次のように書かれている。「王国全土において、ワインの量、エールビールの量、とうもろこしの量の標準的な単一基準（ロンドン・クォーター［4分の1トン］）を設ける。また、染色布、ラセット布、およびハバージェット布の幅の単一基準、つまり織り端と織り端の間は2エル［当時のイングランド王国の長さの単位。1エルは肘から手先までの長さ］あるものとする。重量も同様に標準化される」

測定は何も西洋文明だけの特権ではない。『世界でもっとも正確な長さと重さの物語』で著者のロバート・クリースが語っているように、中国では紀元前200年以前に測定制度が敷かれた。統一中国の初代皇帝である秦の始皇帝が最初に行ったことの一つが、度量衡の統一だった。クリースはまた、アフリカの西海岸に住むアカン族に伝わる、重りとして機能するだけでなく、すでに14世紀から金粉との取引に使われた、小さな彫刻による計量システムの発展についても述べている。

ガリレオとフランス革命という転機

しかし、万国共通の測定単位の確立につながる重要な転機を迎えるのは、ガリレオ革命とその結果としての科学的アプローチが普及する17世紀と、フランス革命が起こった18世紀になってからだった。

現代の科学的アプローチは、間違いなく、実験と観察、そしてその再現性に基礎を置いている。そして、実験し、観察したことを説明し、そこから新しい理論を生み出し、あるいは既存の理論を検証または反証するには、「測定単位」という共通言語が必要である。

フランス革命は、普遍的で反貴族的な精神に基づいていた。なぜなら、党派の利益に支配され、測定システムが不透明で混乱したそれまでの社会では、自由、平等、友愛を育むことができなかったからである。当時、異なる測定単位が何千もあったと推定されているが、それを管理していた少数の人々に恩恵を与えるだけだった。そうした不平等な測定単位を使用しなければならなかった多数の人々に比べて、単位の管理者たちは多数の異なる測定単位の混在状況に乗じて多くの利益を得ていたのである。

革命には、すべての人に平等な共通の制度が必要である。革命前のフランスでもその緊急性が感じられていたため、制度づくりのための土壌がすでに十分にあった。

1789年にルイ16世によって緊急に召喚された三部会に提出された請願陳情書には、特に第三身分（ブルジョアと農民）の人からの、均一で統制された測定制度の要求が多く見受けられる。彼らの仕事と生計のために、測定制度は不可欠だったからである。したがって、服の仕立て屋が「王国全土で、同一の法律と同一の関税のように、重量と長さの統一基準があるべきだ」と要求し、他方で鍛冶屋が「同じ重量、同じ基準、同じ法制度」を要求するのは偶然によるものではない。

こうして、18世紀の最後の10年間にメートル法がパリで生まれることとなり、長さの単位としての「メートル」、面積の単位としての「アール」、薪の1立方メートルに等しい体積単位としての「ステール」、液体容積の単位としての「リットル」、重量の単位としての「グラム」、および通貨の単位としての「フラン」、という六つの単位が制定された。

このうち、(キロ)グラムとメートルだけが、今日まで基本単位として存続し、フランス革命の申し子となっている。

長さの単位は、1791年3月30日の国民議会で、パリを通過する子午線に沿って測定された北極と赤道の間の距離の1000万分の1として定義された。理論はすぐに実践に移されたが、古い習慣はなかなか消えず、1837年にギゾー大臣が法律を公布し、メートル法をフランスで正式に採用するまでには、ほぼ半世紀かかった。

革命後のフランスから、国境を越えて測定単位を統一する必要性が国際的に求められるようになった。そして、1875年5月20日、パリで成立したメートル条約に17ヶ国が署名し

新たに導入された「メートル法」の使用法を表す
1800年に配布されたフランスの印刷物

た。この条約により、測定単位に関連するすべての事項を相互合意に基づいて管理する常設機関、国際度量衡局が誕生した。それ以来、この機関のおかげで、測定活動は活発になった。現在、多くの国に公的な測定機関がある。イタリアにはトリノに本拠を置く国立測定研究所（INRIM）があり、国立測定機関の機能を果たしている。

1960年、世界を変えた二つのデビュー

1960年10月10日から始まったその週に、二つのデビューがあった。一つは、15日土曜日にハンブルクのキールシュンアリー通り57番地で。ビートルズのジョン、ポール、ジョージ、リンゴが一緒に、アクスティック・スタジオでジョージ・ガーシュインの往年の名曲「サマータイム」を演奏し、4人そろって初めてのレコーディングを行った。

もう一つは、12日水曜日にパリで開かれた第11回国際度量衡総会において。そのとき、国際単位系（SI）が定められたのである。これがまさに最初の普遍的なシステムであった。長く険しい測定の旅は、一つのゴールに到着した。まさに、国境警備が厳しくなった冷戦時代に、測定単位の国境が取り壊され、測定システム構築の旅は、一つの目的地に達したのだ。

この二つのデビューのうち、20世紀の歴史は前者により大きな影響を受けた、と考える人が多いかもしれないが、実は、宇宙との対話に根本的な革命をもたらしたのは、後者である。

国際単位系は元々、長さの「メートル」、時間の「秒」、質量の「キログラム」、電流の「アンペア」、温度の「ケルビン」、光度の「カンデラ」の六つの測定基本単位で構成されていた。1971年に化学にとって不可欠な物質量の単位として「モル」が追加され、測定基本単位は七つとなり、最終的に一貫した構成となった。

私たちの小さな世界だけでなく、到底見ることのできない素粒子のくぼみから宇宙の果てまで、自然のすべてを測定するための、万国共通の完全な言語が構築されたのだ。

進化し続ける七つの測定単位

現代の社会も科学も技術も、測るという行為なしでは存在し得なかった。21世紀の文明は、測定機器なしでは考えられない。時間、長さ、距離、速度、方向、重量、体積、温度、圧力、力、エネルギー、光度、電力。これらは、正確な測定が毎日行われる物理的特性のほんの一部である。

測定という行為は、測定器が動かない、使えないときにそのありがたみを実感しない限り、通常は当たり前のことと考えられて、日常的に頻繁に行われている。それくらい私たちの生活のすみずみに浸透している。時間を測れなければ、時計や目覚まし時計は存在しない。量を測れなければ、車にどれだけのガソリンが入っているかわからない。位置や速度を測れなければ、列車や飛行機は機能しないだろう。身体の状態を示す数値を測れなければ、病気になったらすぐに私たちの命は脅かされるだろう。電気が測れなければ、どの電子機器も機能しないだろう。

フランスの革命家たちがメートル法を定めて以来、科学と技術は長い道のりを歩んできた。今日、極めて高い精度で想像を絶する量の測定がなされている。高精度の測定は、科学のあらゆる分野で最新鋭の研究に不可欠であり、新しい理論の検証を可能にする。例えばヒッグス粒子の測定や重力波の検出などのように、将来のノーベル賞を可能にするものである。また、私たちが新型コロナウイルスの世界的大流行と闘い、ポケットに入れているスマートフォンから衛星に至るまで、最新技術を活用できるようにするのだ。

このような測定は国際システムに依拠している。その単位は、標準サンプルとなる物体や現象として物理的に具現化されて、誰でも利用できるものとなっている。

例えば、前述のとおり、メートルは元々、北極と赤道の間の距離の1000万分の1として定義されていた。そこから実用上の理由で、1889年に、フランスのセーヴルの国際度量衡局に保管された、白金とイリジウム合金製のメートル原器に刻まれた二つの目盛りの間の距離として、メートルは再定義された。この原器をもとに、地球上で作られた他の測定器をつくり出したのである。

秒は、初めに、地球の自転周期の一部、平均太陽日として定義された。しかし、1日の長さが期間によって違うことを考慮すると、この定義は十分に正確ではないことが1960年にわかり、秒は、地球が太陽の周りを一周する時間、公転周期を基に再定義された。これは、より正確にすることを目的として、わずか数年でまた、セシウム原子の特定のエネルギー遷移に必要な期間の倍数として再定義され、改定された。

キログラムの標準、いわゆる国際キログラム原器（IPK）も、セーヴルに保管された。これは、プラチナ90％とイリジウム10％から成る合金製で、高さと幅が約4センチのシリンダーである。この原器は、1キログラムは4℃の温度で蒸留水1リットルの重量に等しいとしていた最初のフランスの定義に取って代わった。

しかし、細心の注意を払って保管されるにもかかわらず、原器は棒やシリンダー状の金属片であるため、時間とともに変化する。キログラム原器は、他の五つの同一の複製とともに1889年につくられたが、当時と比較して、約1世紀で、5000万分の1キログラムを失った。それは、おおよそ塩粒の重さであり、些細なことのように思われる。しかし実際には、現代科学に求められる精度と、キログラムが力やエネルギーなどの派生単位の定義に関連するという事実を考えると、国際システム全体の基盤を揺るがすほどの変化である。人工物の劣化は、哲学的にはそれをつくり出した人間の無常性と一致しているが、科学が必要とする普遍性と確実性とはまったく相容れない。よって、測定の確実性がなければ科学にとっての新たな暗黒の中世に陥る危険があった。

この問題は、科学者たちによって解決された。

２０１８年11月16日に、もはや物質的な物体や事象に頼るのではなく、真空中の光速度やプランク定数などの普遍的な物理定数に基づいて、国際システムの単位を再定義することが決定されたのだ。それは、基礎的な物理法則と理論を特徴づける定数で、例えば、光速度は電磁気学と相対性理論にとって欠かせない定数であり、プランク定数は量子力学の極めて重要な普遍定数である。

真のコペルニクス的転回である。基礎物理定数を信頼すること、つまり、定数の数値を変更できないように固定し、これらの定数に基づく国際システムの単位を定義することが決定されたのだ。これは、宇宙を支配する自然法則が不変であり、私たちが見たり触れたりする物体や事象を使うよりも、はるかに堅固な測定システムの基盤になり得ることが確認されたことを意味する。まだあまり知られていないが、科学だけではなく人類にとって画期的なこの革命を、これから皆さんと一緒に解き明かしていこうと思う。

七つの測定単位、それは自然への讃歌(さんか)である。

目 次

はじめに

第1章 メートル

革命が生んだ「長さ」の定義

第2章 秒

太陽と音楽が育んだ「時間」の流れ

第3章 キログラム

水瓶から原爆に至る「重さ」の悲劇

第4章 ケルビン

冷熱のあいだで
変化し続ける「温度」

第5章 アンペア

紀元前から人類を分かつ「電流」

第6章 モル

化学を扱いやすいものにした「束」

第7章 カンデラ

生命の「明るさ」を測ったろうそく

おわりに

ブックデザイン　鈴木千佳子　──　図版制作　朝日新聞メディアプロダクション　──　校閲　くすのき舎
装画　花松あゆみ　──　写真提供　株式会社アフロ（Aflo）

第1章 メートル

革命が生んだ「長さ」の定義

アインシュタインの14万8000メートル

米国ニュージャージー州プリンストンのマーサー通り112番地からペンシルヴァニアのリンカーン大学の物理学部までの道のりは、距離にしておよそ14万8000メートルである。

このように言うと長大な距離のようだが、キロに換算すると148キロメートルで、今日のグーグルマップによると、車では1時間40分のそれほど大した移動にはならない。しかし、1946年当時、健康上の問題がある70歳近い人物には、このような移動は困難だっただろう。

相対性理論の父アインシュタインがリンカーン大学に招待されたのは、名誉学位を授与されるためであった。この種のイベントには虚飾と過度の形式主義が染み込んでいる、と言って好まなかった彼は、その招待を辞退してもおかしくなかっただろう。しかも、当時この大学は、学生が250人余りの小さな大学でもあった。

それでも、アインシュタイン教授は、この招待を喜んで受け入れた。

彼自身が言ったように、1946年5月3日の訪問には「価値ある理由」があった。リンカーン大学は、規模は小さかったにもかかわらず、評判はそれ以上に高かった。アフリカ系アメリカ人の学生に学位を授与した最初のアメリカの大学だったからだ。１８５４年に設立されたリンカーン大学の創設者と初期の教師陣は、ニュージャージー州内ではるかに有名なプリンストン大学との関係が深かった。そしてアフリカ系アメリカ人学生がこぞって入学を目標とするようになり、「ブラック・プリンストン」と呼ばれていた。

第二次世界大戦後のアメリカでは依然として、人種隔離によってアフリカ系アメリカ人は抑圧されていた。大多数の白人はそのような悲劇的な状況を黙認するという態度だったが、アインシュタインは正々堂々と抗議の声を上げた。

アルベルト・アインシュタイン
（1879年～ 1955年）

彼の主張は、１９３７年にはすでに明確になっていた。

当時、彼は、20世紀屈指の女性オペラ歌手であるマリアン・アンダーソンを自宅に泊めた。アフリカ系アメリカ人である彼女は、コンサートでプリンストンを訪れたとき、肌の色を理由にホテルでの宿泊を拒否されていたからだ。

また、主に白人が読者だった月刊誌『ページェント』の1946年の記事で、アインシュタインは、人種隔離について次のように書いている。「自分をアメリカ人だと感じれば感じるほど、この状況は私を苦しめる」。さらに次のように続ける。「声を上げるだけで、私は共犯の感覚を逃れることができる」

1946年の5月3日のリンカーン大学名誉学位の授与式では、ある学生が語ったところによると、アインシュタインは、やせ衰えた顔と率直な態度で聖書の登場人物のように見えたという。そして、後に有名になる感謝の辞を述べた。というのも、彼は、人種差別や人種隔離に反対し、「有色人種の病気ではなく、白人の病気だ」という強い言葉を発し、「私はそれについて沈黙するつもりはない」と続けたのだ。

それから9年後、バスに乗っていたローザ・パークスという黒人女性が勇気を出して、白人のために席を開けて後方へ移動しろという運転手の要請に従わず、白人席と黒人席を隔てる数メートルを移動するのを拒否したおかげで、ようやく黒人の公民権運動に火がついた。それは1955年12月1日のことだった。

しかし、現代物理学史上、最大の革命の立役者はそれを見ることができなかった。同年4月18日、アインシュタインは亡くなったのであった。

「メートルを普遍化した」という隠れた側面

相対性理論で自身の学問分野を大刷新した科学者アインシュタインは、今日に至るまで、他のノーベル賞受賞研究のみならず、人類の知識全体に刺激を与えてきた。皮肉にも、アインシュタイン自身は相対性理論でノーベル賞を受賞しなかったが、彼の後にノーベル賞を獲得した研究の多くは相対性理論に基礎を置くものであった。そして、アインシュタインは、芸術家、哲学者、知識人の基準とする対象となり、物理学のポップアイコンにもなった。

したがって、測定単位にもアインシュタインの影響が強く感じられるのは当然である。相対性理論は、特定の現象に限らず、すべての物理現象が発生する環境そのもの、つまり時空を説明する。それは、自然について語る素晴らしい脚本の一部を描くだけではなく、劇場舞台全般のルールをも確立した。

時間と空間の理論である相対性理論は、他のどんな理論よりも優先され、他の理論はそれと整合的でなければならないのである。

人間を取り巻く世界と自然を説明し理解するために、何千年もの間、人間の知性が追い求めてきたのが、世界共通で永久不変の測定単位のシステムである。それは、国境や主権を越えてすべての人の共通財産となるはずだ。

そう考えれば、メートルという測定単位を普遍化する道しるべとして、相対性理論が用いられたことは驚くべきことではない。

本章では、このメートルについて考察し、世界の七つの測定単位を探訪する旅を始めようと思う。

ギリシャ語の「μέτρον（測定）」に語源があるメートルは、測定の原理を象徴している。それは、１８７５年に七つの測定単位に関する最初の国際条約が「メートル条約」と名付けられたことからもわかる。

この出来事は、歴史書にはめったに登場しない。しかし、文明の夜明けから始まる何千年という道の出発点を記した、重要な出来事である。

長さの計測はエジプト文明から始まった

長さの計測は、時間と質量計測と同様に最も古く、人間にとって最も身近なものの一つだ。

農業など生活の基礎的な活動にも関係している。

古代エジプトでは、土地の測量は非常に重要であった。そのため、測量から生まれた幾何学は、エジプト文明に起源がある。

大雨が続くと、ナイル川は氾濫し、広範囲の地域に沈泥を堆積させた。その堆積物のおかげで、川沿いは非常に肥沃な土壌となった。しかし、水が引いた後、税の徴収には洪水で消えてしまった耕作地の境界を復元する必要が生じる。このように、税収という利益を優先する打算的なところに、幾何学が生み出される動機があった。

歴史家のヘロドトスが語るところによると、紀元前１８５０年頃に君臨していたファラオのセンウセレト三世は、人民一人ひとりに正方形の区画を与え、耕作可能な土地を分配することを定めた。「この王［センウセレト三世］はエジプト人ひとりひとりに同面積の方形の土地を与えて、国土を全エジプト人に分配し、これによって毎年年貢を納める義務を課し、国の財源を確保したという。河の出水によって所有地の一部を失う者があった場合は、当人が王の許へ出頭して、そのことを報告することになっていた。すると王は検証のために人を遣わして、土地の減小分を測量させ、爾後（じご）は始め査定された納税率で（残余の土地について）年貢を納めさせるようにしたのである。私の思うには、幾何学はこのような動機で発明され、後にギリシアへ招来されたものであろう」（ヘロドトス著／松平千秋訳、『歴史』（上）、

岩波書店、1971年、226頁）

したがって、誰から税金を請求するべきかを知るために不可欠だったのが、境界線を引くことだった。そのためにエジプト王朝は、このような測量活動と詳細な土地登記簿を維持し、継続的に改訂することに注力していたわけである。

これらの作業を担当したのは、現代で言う土地測量士だった。この職業は、「ロープの結び役（*arpedonapti*）」と呼ばれていた。このように、土地測量士とは、非常に古い起源を持つ職業なのである。

その呼び名のとおり、エジプトの土地測量士の作業道具はロープだった。彼らは二つの離れた地点から、双方がロープを引っ張り合って直線を描いた。このような経緯から、イタリア語では現在も「*tirare una retta*（直線を引く）」という表現が使われている。一方、円を描きたい場合には、ロープの一方の端を杭で地面に打ち込むなどして固定し、その地点を中心にしてもう一方の端を回転させた。

また、土地登記簿を入念に管理するためには、非常に正確な測量が必要だった。よって、役人と納税者がともに基準にできる測量単位を導入し、作業を標準化する努力がなされた。最もわかりやすい選択肢は、サンプルとして簡単に入手できる「人間」を基準にすることであった。もし人間の身体の部位を基準にするよりも簡単な方法があるとすれば、それは間違いなく、普遍的な基準をつくってしまうことだろう。こうして、肘（ラテン語で*cubitus*）の先端から指の先端までの長さであるキュビト（約０・５メートル）は、古代世界の測定単位として非常に広く普及した。この単位は、エジプトの臣民はもちろん、その後ローマにも伝わったという。

キュビトという単語は、聖書の中で３０８回も出てくる。そのうち非常によく知られているのは、創世記の第6章である。聖書の中で最も有名なあの箱舟について、神がノアに向けて語っている場面だ。

「そこで神はノアに言われた、『わたしはすべての人を絶やそうと決心した。彼らは地を暴虐で満たしたから、わたしは彼らを地とともに滅ぼそう。あなたは、いとすぎの木で箱舟を造り、箱舟の中にへやを設け、アスファルトでそのうちそとを塗りなさい。その造り方は次のとおりである。すなわち箱舟の長さは三百キュビト、幅は五十キュビト、高さは三十キュビトとし、箱舟に屋根を造り、上へ一キュビトにそれを仕上げ、また箱舟の戸口をその横に設けて、一階と二階と三階のある箱舟を造りなさい』」（日本聖書協会、『聖書［口語］』、１９５５年、創世記／6章13～16節、7頁）

ノアの箱舟は長さ約１５０メートル、幅25メートルだった。具体的なイメージとして、イタリア海軍の非常に美しい練習帆船であるアメリゴ・ヴェスプッチ号が、長さ１０１メートル、幅15メートル半である。それを考慮すると、ノアの箱舟はかなり大きかったと言える。

また、ナイル川の沿岸では、身分によって異なる二種類のキュビトが使われていた。一般的な約45センチのものと、王族用の約52センチのものである。王族用のキュビトは、高貴な身分の者の腕に由来するものであり、約45センチの一般的なキュビトに、ファラオの手の幅を足した長さだとされている。

キュビトの標本は、棒状の黒い花崗岩(かこうがん)でつくられた。それに対して、作業するために使うキュビトは、石や木の棒でつくられた。その標本は今日でもいくつか残っている。当時の測定能力とキュビトの精度は非常に高く、ピラミッド建築において重要な役割を果たした。

現代的には「ロジスティクスとエンジニアリングの巨大実験」と言えるこのピラミッド建築に必要だった労働者は、古代ギリシャの歴史家ヘロドトスは10万人だったと記しているが、この数は現在では誇張と見なされている。しかし、より信頼できる推定でも、約1万人の労

イタリア海軍の練習帆船
アメリゴ・ヴェスプッチ号

働力は必要だったと言われている。

もちろん無線もコンピューターもなかった時代である。しかし、その1万人は、底辺約230メートルのギザの大ピラミッドを、四つの各底辺の誤差をわずか10センチ以内という高い精度で構築した。

ちなみに、この4500年後のNASAのエンジニアたちでさえ、このピラミッド建築の精度には及ばなかった。

彼らが火星の気候と大気を研究するために1億2500万ドルを費やして造った、火星探査機マーズ・クライメイト・オービターは、地球にある制御コンピューターの一つがヤード・ポンド法に基づいたデータを送信したのに対して、探査機本体のコンピューターはメートル法に基づいてデータを受信するように設計されていた。

ご存知のように、1メートルと1ヤード（0・9144メートル）は同じ長さではない。そしてその約10％の違いは、可哀想（かわいそう）なオービターを墜落させるのに十分すぎるものだった。

マーズ・クライメイト・オービター

距離の測定と表示によるローマ帝国の統治

ローマ文明も、長さを計測する方法を知っていた。ローマ帝国の最盛期、ローマ街道は約8万キロメートルにまで及んだ、と推定されている。ローマ人によって築かれたこの巨大な道路網には、距離の正確な標識システムが必要だった。

このニーズに応えたのが、ローマや最寄りの庁所在地からの距離を示すために、1マイルごとに置かれたマイル標石（マイル塚）であった。

このようにローマでは、道路の長さを測定するために使われた単位はマイルだった。これは「*milia passuum*（1000歩）」というラテン語に由来する名称である。ローマの1歩（*passuum*）は、現代では1・48メートルとなる。1000歩分のローママイルは、現在の1480メートルだ。

今読んでいるこの本を少し置いて、自分の歩幅を測ってみて欲しい。そうすれば、「ローマ人は驚くほど長い脚を持っていたのではないか」と疑問を抱くかもしれない。実際、人間の歩幅は通常では約70センチである。しかし、この歩幅の謎はすぐに解ける。なぜなら、ローマの1歩（*passuum*）は、歩行中に一方の足が地面から離れた点から同じ足がまた地面についた点までの距離にあたるからである。つまり、今日では通常1歩とされている、一方の足のつま先からもう一方の足のつま先までの距離にあたるものではない。

また、「すべての道はローマに通ず」と言われるが、マイル標石は必ずしも首都ローマからの距離を示しているわけではない。実際、道路の起点となる都市（*caput*）からの距離だけが表示されることもあれば、ローマからの距離と一緒に示されることもあった。

シカゴ大学のゴードン・レイングの研究によると、ローマを基準にして計測された距離が示されている標石が置かれているのは、イタリア中部の道路、つまり南に伸びるアッピア街道と北へ伸びるエミリア街道に代表される。ローマから最大の距離を示すマイル標石は、トリノからスペインに通じるドミティア街道沿いに、より正確には、フランス南西部のスペインとの国境近くの都市であるナルボンヌの近くで発見されている。この標石は、ローマから917マイル、ナルボンヌから16マイルの距離を示している。

おもしろいことに、その標石には、ローマから898マイルという三つ目の数字も表されている。おそらく、より短い距離で行ける道があったのだろう。現代でも、グーグルマップが特定の行先へのさまざまなルート案を表示するのをご存知だろうか。このようなルート案は、最近になってから発明されたわけではなく、昔から存在していたのだ。

では、ここでちょっと立ち止まって、ローマの標石に刻まれた数字が示す意味とその影響について考えてみよう。今日では、旅行を計画するのに役立つ実用的な表示くらいに思われるかもしれないが、当時は、実は権力と社会的包摂を示す見事なメッセージだったようだ。

おそらくこの距離を表示するという手段は、中央政府の存在を感じさせる軍隊と同じくらい効果的である。実際、ローマから測定された距離が示していたのは、権力者の存在である。それは、ローマ帝国の最も辺鄙（へんぴ）な場所でさえそうだった。そして道路沿いの地域では、権力者は必要に応じて武力に訴えることもできた。

しかしまた一方で、少なくとも帝国の理念として、首都ローマは、ローマ人でなくても誰でも行くことのできる場所であり、近づきやすい権力の中心であることも示していた。道路とそこにある標識が示す距離は、領地を治めているのがローマ帝国政府であることを表している。それと同時に、標識を読むことによって、誰がどこにいても平等に距離を知る機会を与えていた。

帝国とともに崩壊する、統一された測定単位

しかし、ローマ帝国の崩壊に伴って、域内の制度統一の動きは弱まった。したがって、当然、測定単位にも影響は及んだ。長さに限らず測定というものは、各単位が使われる領域に大小の規模の違いはあれど、何世紀にもわたって、地域社会に限定された問題だった。

各地域共同体には独自の単位があり、交通量の多い場所に置かれている石碑に表示されていることがよくあった。その多くは今日でも残っている。イタリアでのほんの数例を挙げると、セニガリア、サロ、チェゼーナのものが思い出される。フランスだけでも、約25万種類のさまざまな単位が使われていたと推定されている。

単位は多種多様だったが、一方で、人間の身体を用いる以外にはあまり想像力は働かなかったのだろう。長さの単位の多くは、人間の身体の部位を基準にしていた。よく使われていたのは、それぞれの地元の大地主の腕、手のひら、足の長さなどだ。当然、これらの単位が使われる範囲は、古代エジプトよりもはるかに狭かった。

この「測定主権」という、多種多様な測定単位を統制する者が権力を握る状況は、多くの問題を引き起こした。

布や紐(ひも)の行商人がどのように商売をするかを想像してみて欲しい。今日、私たちは商売の仕方についてあまり考えない。売り買いのルールがほとんど当然だと思われているからだ。布や紐の価格は何メートル買うかで決まっている。どの町で購入するか、インターネットで購入するかにかかわらず、私たちが布に支払う料金は、長さによって決まるのだ。

しかし当時は、仕入れ場所あるいは販売場所ごとに長さの単位が異なっていた。各村の行商人は、単位が変わるごとに価格を再計算する必要があった。そのため、不正直な行商人であれば簡単に客をだますこともできた。

共通の測定単位がないために、商業活動は非常に困難を極めた。土地の測量や所有財産の評価に関しても、社会の最も弱い階層は、しばしば地域の権力者に翻弄されるがままになった。

フランス革命から生まれたメートル

科学が人々の共通財産になることは、成熟した民主主義の基礎である。というか、そう「あるべきだろう」。最近の多くの経験を考えると、実際にそうなっているわけではないので、ここでは「べき」と言った方が正確だ。

まさに、ガリレオと共に始まった科学革命とその結果としての科学的方法の普及は、間接的ではあるが、地位や権力に関係なくすべての人が利用できるような普遍的な測定単位システムをつくるために不可欠な要素であった。ガリレオ以降の科学の世界では、科学の進歩の基礎となる実験や観察の結果を比較できるシステムを必要としていたのである。

しかし、測定システムの根本的な変革までには、普遍主義的かつ反貴族的な願望を持つフランス革命まで、さらに数世紀待つ必要があった。それまでは、地域ごとに異なる扱いにくい測定システムを管理している少数の人だけが、多数のさまざまな測定単位の混在状況を利用して大きな利益を出し、よく恩恵を受けていた。

革命期のフランスでは、こうした従来のシステムから、すべての人々にとって共通で平等なシステムへの移行が希求された。

そして、18世紀の最後の10年間にパリで、現在の国際システムの前身であるメートル法が誕生したのは偶然ではない。

フランス革命は、旧来の時間的権力や宗教的権力からの完全な解放を願い求めた。例えば、「フランス革命暦」という十進法の暦を導入することで、宗教上の祝日、特に日曜日を基準にしづらくしようとした。これはあまりうまく行かなかったが、新しい「革命的な」単位のうち、二つは生き延びた。この二つは、後に現在のメートル法にもあるキログラムとメートルの基礎になった。

１７９１年3月30日の国民議会で、メートルは、「パリを通過する子午線に沿って測量された北極点から赤道までの間の距離の1000万分の1」と定められた。

この定義に従って、すぐに実際の測量が始まった。パリを通過する地上子午線の弧の測量には、ジャン＝バティスト・デランブルとピエール・メシャンという二人の科学者が選ばれた。そして、フランスのダンケルクとスペインのバルセロナの間の弧を測定することに決まった。これは、北極と赤道の間の距離の約10分の1に相当する。さらに、このルートはほぼ水平であり、測定するにあたって疑う余地のない利点があった。

1792年、二人は測量に出発した。デランブルはダンケルクからフランス南部のロデズ大聖堂までを測量し、メシャンはロデズを出発してバルセロナに到達した。当初、彼らは1年程度で作業を終えることができると思っていた。しかし、革命によって荒廃したフランスで行われたために、この壮大な事業は困難を極め、完了までに6年の歳月を要した。

1798年に、二人はパリで結果を報告した。これに基づいてメートルの長さが正式に定義され、アルシーヴ原器と呼ばれる白金製の棒も製作された。この棒は、1メートルを表す基準サンプルとして、1799年6月22日にフランス国立中央公文書館に保管された。メートルという新しい単位の実用化のために複製サンプルがいくつもつくられ、人々に慣れてもらうためにパリのさまざまな場所に掲示された。今日でもまだ、このときにつくられたサンプルを二つ見ることができる。一つはヴォジラール通り36番地に、もう一つはヴァンドーム広場13番地にある。

しかし、古い習慣はなかなか廃れなかった。人々は、新しいシステムの導入にかなり抵抗し、古い単位を使い続けた。そのため、ナポレオンは、メートル法使用の義務に関する法律を１８１２年に廃止した。

興味深いことに、測定単位は権力者たちと運命をともにする。ナポレオンの没落後の１８４０年、改めてメートル法義務化の法律が施行され、フランスでメートル法が再び浸透し始めた。

しかし、メートル法がしっかりと定着し、ヨーロッパの他の地域にも広がり始めるには、19世紀の後半まで待たなければならなかった。

イタリア王国では、１８６１年7月28日の法律１３２号によって、メートル法が導入された。とはいえ、フランス同様に、すぐに適用されたわけではなかった。

当時の中央政府は、新しい単位の使用を人民に促すために、まずは各市長に圧力をかけた。そして、公共の場所に石碑の形で、メートル法を浸透させるための表を掲示させた。

さらに、メートル法を推進していくうえで学校に与えられた役割も興味深い。例えば、１８６０年の小学校の教育指導要綱には、次のようなフレーズが見つかる。

「これらの概念に、教師はメートル法の簡単な説明を追加し、新しい測定単位の名前を教え、

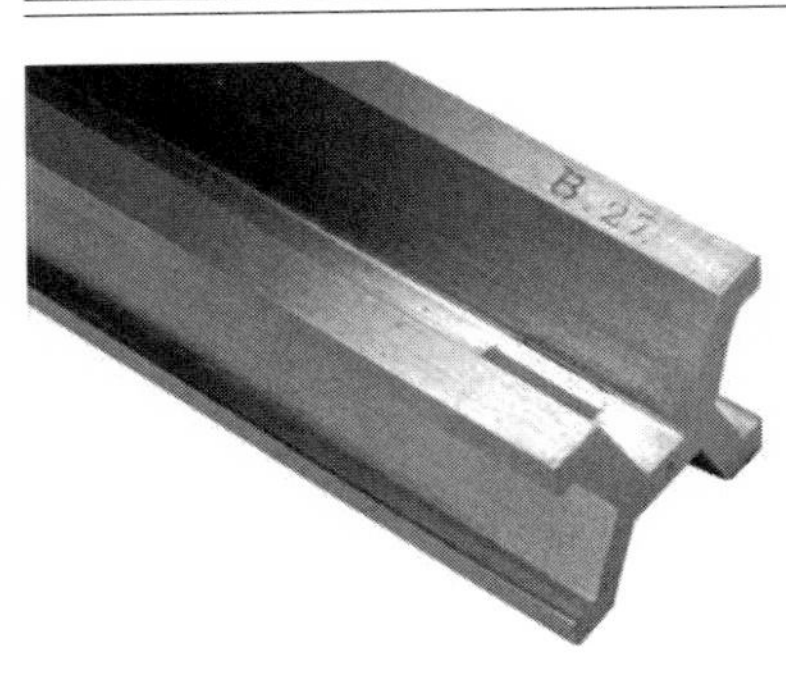

メートル原器

メートルというものが何を意味するのか、他の新しい単位がメートルからどのように導き出されるのか、そして、それぞれの価値は何なのかをよく説明する」

「4年生以下の学年の教師は、初等教育の最も重要な科目は、カテキズム「カトリックの信徒教育」とカトリック教の歴史、イタリア語の文法と作文、算数とメートル法であることを念頭に置く必要がある。よって、教師たちは主にこれらの教科に力を注ぎ、学校教育の時間のほとんどを費やすようにすること」

このように道が敷かれることで、一歩ずつ一歩ずつ、いや、１メートルずつ1メートルずつ、測定単位統一という革命の夢が現実になっていった。

１８７５年5月20日、パリで17ヶ国がメートル条約に署名した。こうしてつくられた組織的な枠組みにより、測定単位に関連するすべての事項について、加盟国による共同合意で行動できるようになった。

その中で、国際外交組織である国際度量衡総会（ＣＧＰＭ）が設立され、科学と産業の進歩に調和した、国際的な統一単位制度を維持する責任を負うことになった。

同時に、政府間組織として国際度量衡局（ＢＩＰＭ）も設立された。パリ近郊のセーヴルにあるＢＩＰＭは、加盟国が測定に関して重要な問題に取り組む機関であり、国際単位系を維持管理するための基盤を提供する研究所と事務局の役割も持っている。

メートルの標準サンプルであるメートル原器も、実際にＢＩＰＭに保管されている。白金とイリジウムの合金の棒である原器は、断面をＨ字型にすることで、歪（ゆが）みに対する耐性を向上させている。

１８７５年にはさらに、原器の端に損傷が生じる可能性を考慮して、原器に刻印された二つの目盛りの間の距離として、メートルの長さは再定義された。これによって、いわゆる目盛り付きの原器となり、目盛りの線の幅によって、１メートルの精度にわずかだが誤差が生じることになった。

この金属片は、世界中のすべての物差しを正確にする基準となるようつくられた。そして、このメートル原器の二次サンプル、つまりセーヴルに保管されている原器の正確な複製が、メートル条約締結国に配布されたことによって、間接的にではあるが、実際に世界の標準になった。ちなみに、イタリアの複製原器は、ローマの経済開発省の本部にある国家計量局に保管された。

自然界の原子で測る

1875年当時の人々の目には、シンプルかつ頑丈なメートル原器の耐久性は、並外れて見え、世界基準として長い寿命を保証されているように映ったに違いない。しかし、白金・イリジウム合金の原器が製造され、使用され始めたちょうどその頃、つまり19世紀末から20世紀初頭にかけて、現代の物理学と技術の基礎を築く数々の大発見が相次いだ。こうした物理学の飛躍的進歩は、革命的変革が結実していたはずの原器を基準としたシステムを混乱させた。そして、金属の原器が引退する時代へと突入していく。

物理学の大躍進の一つとして挙げられるのは、電磁気学に対する理解が深まったことである。スコットランドの科学者ジェームズ・クラーク・マクスウェルも、自身が1873年に発表した『電気磁気論（*A Treatise on Electricity and Magnetism*）』の影響を、想像することはできなかっただろう。

この著作で紹介された簡潔かつ美しい四つのマクスウェル方程式（式1）は、古典電磁気学、特に電磁波に関連するすべての現象と技術を説明する。こう言えば、その偉大さはわかるだろう。例えば、虹、電気自動車、携帯電話、空の青さ、洗濯機のモーター、そして欧州原子核研究機構（ＣＥＲＮ）の加速器の素粒子の動きまで、この理論はほとんどすべての現象に応用できる。

電磁波の存在を初めて実験で検証したのは、ドイツの物理学者ハインリヒ・ヘルツである。彼も、自身の発見が与える影響を想像すらしていなかった。ヘルツは自身の電磁波の発見について、次のように述べたと言われている。「それは何の役にも立っていない。私のは、ただ、マクスウェル先生の理論が正しいことを証明する単なる実験だ。単純に、肉眼では見えない不思議な電磁波が存在するだけだ」。そして、「では、あなたの実験の後には何が起きるでしょうか」と訊かれ、ヘルツは謙虚に答えたようだ。「たぶん何も起きない」と。彼のことを想像力が足りないと非難することはできない。通信や旅行、料理、さまざまな病気の診断と治療のための医学、その他の多くの分野で、電磁波のさまざまな用途への利用を予測することは、当時はまだ不可能だった。

$$
\begin{cases}
rot\vec{H} = \vec{J} + \dfrac{\partial \vec{D}}{\partial t} \\
rot\vec{E} = -\dfrac{\partial \vec{B}}{\partial t} \\
div\vec{B} = 0 \\
div\vec{D} = \rho
\end{cases}
$$

（式１）
マクスウェル方程式

さらにそれから数十年間、物質の構造を理

解するうえで著しい進歩があった。この進歩が切り開いたものが、現代の原子理論への道である。

1895年にヴィルヘルム・レントゲンがX線を発見し、1887年にハインリヒ・ヘルツが光電効果を発見した。そして光電効果は、1905年にアインシュタインによって完全に説明され、その結果、アインシュタインは1921年のノーベル賞を受賞した。

光電効果の発見から10年後の1897年、ウィリアム・トムソンによる電子の分析は、私たちを取り巻く物質が原子と呼ばれる微細な粒子で構成されており、その原子が陽子と中性子でできた核と核自体の外側に配置された電子で構成されていることを理解するための鍵となる、重要な理論を提起した。そして数年後、量子革命へと続くのである。

メートル原器の金属棒の二つの目盛りによって保証された精度は、たとえ貴金属であっても、物理学が発見した新しい世界を測定するには十分ではなかった。この人工物の精度は非常に高かったが、それでも、この原器によるメートルの定義はすでに古い時代の遺産となった。新しい物理学のこれまで以上に差し迫った要求に応えることは、もはやできなかったのである。

今や物理学は「人間」の次元を離れ、無限に小さいものや無限に大きいものへと、これまで以上に世界的規模で進んで行く。わずか数十年で、物理学が扱う範囲は、後で説明を加えるボーア原子の数十億分の1メートルから、天文学者ハッブルの研究でわかった宇宙の端にある銀河の地球からの距離の数千兆数千億キロメートルにまで、劇的に拡大した。

メートル原器は、誕生した時点で、すでに逆説的な運命が決定づけられていた。新しい物理学と技術が要求する、より高い精度の計測に追いついて行けなかったうえ、計測のグローバル化にも対応できなかったのだ。

この頃、相次いだ科学的発見や新しい科学的知識は主にヨーロッパで生まれ、近隣諸国の間ですぐに共有され、急速に発展していった。このようなヨーロッパ中心の文脈で生まれたメートル原器は、20世紀には、絶えずどこかで進歩している科学の世界に直面し始めた。メートル原器のような人工物の複製は、精密とはいえ劣化しやすく、必要とされるすべての場所に、適切な状態で時宜を得て配置することはできなかった。いずれにせよ、新しい発見が次の発見へとつながり、拡大し続ける世界を測定するためには、メートル原器の複製では間に合わないことは明らかだった。

メートル原器は、１９０８年ロンドン五輪で銀メダルを獲得したデンマーク代表チームのハラルト・ボーアがプレイしたサッカー場のサイズを測るためならまだ使えたかもしれない。しかし、ハラルトの兄で有名な物理学者のニールス・ボーアにとっては、明らかに不十分だった。ニールスは、家族の中で科学者がプロサッカー選手よりも著名になった唯一のケースだろう。

ニールス・ボーアは、1913年にイギリスの学術誌『フィロソフィカル・マガジン』に論文「原子および分子の構造について」を発表し、現代の量子原子理論の基礎を築いた。原子について、「核が中心にあり電子がその周りを周回する、大きさが約百億分の1メートルの微視的な太陽系である」と説明し、独創的な考えでエネルギーの量子化を予見したのである。

ニールス・ボーア
（1885年～1962年）

ボーアの原子理論の柱となる仮説の一つは、特定のエネルギー状態の軌道に沿って移動する電子が、より低いエネルギーで別の軌道に沿って移動（遷移）するようになる瞬間に、原子は定量のエネルギーの電磁波を放出する、というものである。

ボーアによると、放出される放射線の周波数は、二つのエネルギーの差をプランク定数で割ったものに等しくなる。プランク定数とは、物理学の一つの普遍的な定数である。

これは、各原子は、電子の遷移により、限られた特定のエネルギー値の電磁放射をすることができるという意味である。あるいは、決まった数の色を持つ電磁放射だと言うこともできる。電磁波というこのエネルギーの集合体（光）には原子スペクトル（原子から放出される電磁波の可視光線の波長ごとの分布を記録した色の帯）があり、各原子は、他の原子とは異なる独自のスペクトルを持つ。各原子の絵の具のパレットのようなものである。誰にでも馴染みの身近な現象を例に挙げよう。パスタを茹でるとき、鍋から沸騰したお湯が少し溢れ出てガスの火にかかってしまうと、炎の色が黄色に変わることがわかる。これは、ナトリウム放出スペクトルに属する色である。しかし、注意して欲しい。湯に塩を入れるのを忘れたら、この実験は成り立たない。ナトリウムは塩に含まれているからだ。

メートル原器を年金生活に追いやったのは、まさに一つの原子であった。導入されてから1世紀も経たない原器がお払い箱となり、まったく無形のものによる定義が新たに採用された。

1960年、メートルはスーパーマンのおかげで再定義されたのだ。「スーパーマン」と言うのはもちろん正確ではない。正しくは、原子番号36にあたるクリプトンという元素による。ただ、コミック『スーパーマン』の製作者たちがスーパーヒーローの出身の惑星の名前をクリプトンとする着想を得たのは、この元素の名前からだった。

クリプトンは不活性ガスであり、ネオンランプの発光のためによく使われる。光学の進歩のおかげで、当時すでに、原子から放出される可視光線の波長は、メートル原器の二つの目盛りの間の距離が決定していたものよりも、はるかに高い精度で測定できるようになっていた（原器の目盛りは、いずれの場合も幅は小さいが、しかし無視できない厚みのある線であるため精度が損なわれる）。

そのため、クリプトン86原子の非常に正確な定量のエネルギー遷移中に放出される電磁波（光）の波長の１６５万７６３・73倍に等しい長さとして、メートルを定義することが決定された。メートルという長さは、赤橙色に見える放射エネルギーによって定義されたのだ。

１９６０年10月14日に国際度量衡総会でなされたこの改定には、画期的な意義がある。それはメートルの定義が、人工的につくられた棒状の原器から、原子から放出される光という自然現象に移行したことである。人間の作る物に避けられない劣化は、自然の永遠性によって取って代わられたのである。

クリプトンを使うことで、測定は人工物ではなく、自然に委（ゆだ）ねるというプロセスへの扉が開かれた。そして、普遍的な物理定数に基づく、基本単位すべての革命的な再定義につながった。

しかし、クリプトンの認知度は、メートルよりも「スーパーマン」に関連づけられたままだった。それからわずか20年余り後の１９８３年、計量学の新しい主役が舞台に登場した。ここで長い間主役の座にとどまる運命となったものこそ、光速である。

新たな時間と空間の概念からもたらされた恩恵

一般的に、人は物理学と聞くと、二つのことを思い浮かべる。

一つ目は、雲の世界に住む奇妙な科学者である。どんなときでも人目を引く乱れた髪やありそうもない衣服や履物などの特徴があればもっとそのイメージに近いだろう。たいていそういう人の黒板は、理解不可能に見える方程式でいっぱいだ。

だが一方で、アルベルト・アインシュタインによるリンカーン大学への訪問のエピソードは、物理学者が他の人々と同じように人間的であり、良くも悪くも自身の時代に生き、ときにはそれに影響を与えようとしていることを示している。

ドイツの化学者フリッツ・シュトラスマンは、オーストリアの物理学者リーゼ・マイトナーとドイツの化学者オットー・ハーンとともに原子核分裂を発見した。原子核物理学の立役者であるシュトラスマンは、１９４３年にユダヤ人ミュージシャンのアンドレア・ウォルフフェンシュタインをベルリンの自宅に何ヶ月も匿（かくま）い、彼女を国外追放から救った。シュトラスマンは、ナチズムに激しく反対していた。彼は、ドイツ化学会を辞任した後、次のように述べている。「化学への情熱はあるが、私は自分自身の自由をもっと大切にしたい。それを保持するためなら石切り工をしてでも生計を立てる準備がある」

当時、ドイツ化学会は、ヒトラー率いる国民社会主義ドイツ労働者（ナチ）党の管理下にあり、シュトラスマンが仕事を見つけるのは非常に困難だった。なお現在では、ウォルフフェンシュタインを匿った功績によって、シュトラスマンはヤド・ヴァシェム（イスラエルのホロコースト記念館）にある、命を賭してユダヤ人を救った非ユダヤ人の称号である「諸国民の中の正義の人」というリストにその名が残されている。

そして、物理学と聞いて、普通の人が思い浮かべることの二つ目は、方程式である。もちろん、物理学は簡単な分野ではない。しかし、その最も革新的な成果の多くは、次のページにある（式2）のような簡潔にして美しい式で表される。

確かに、アインシュタインの特殊相対性理論の大部分が、この式の背後にあるとは信じがたい。しかし、実際そうなのだ。読み解いてみよう。

この方程式の主役である c（光速度）、光から考えてみよう。「光」という用語は、慎重に検討する必要がある。非常に簡単なものだと考えられてしまう可能性があるからだ。人間は普通、光を視覚に関連づけて考える。しかし、実は物理学者にとって、この用語はより広い意味を持っている。

私たちが見る光は、本質的には、空間を伝わる電磁波である。海の波、音波、スタジアムの観客のウェーブなどの力学的波と同様に、電磁波も、特定の物理量の周期的な変化を通じて情報を送信する。音波の場合は気圧であり、海の波は水の位置、スタジアムのウェーブはスタンド上の人々の位置である。

一方で、電磁波の場合は電磁場の変化を伝搬する波であり、物理学者が空間と物質の特性を説明するために使う、形はないけれども非常に具体的な存在である。

電気的および磁気的というのは、古くから知られている特性である。古代ギリシャ人がすでに知っていたのは、琥珀（こはく）（ギリシャ語で「ἤλεκτρονικός」、「電子」という意味もある）の小片をこすることによって、その上に藁（わら）を引きつけることができ、自然に存在する石（磁鉄鉱）が鉄を引きつけることである。また、物質と地球の磁場の相互作用を利用した現代の羅針盤の祖先にあたるものは、紀元前数世紀にはすでに中国で知られていた。

しかし、電磁気学の基本法則が完全に理解され、理論的に装備されたのは、19世紀に

$$c = \mathrm{cost}$$

（式２）
簡潔にして美しい方程式

なってからだった。電界と磁界からなる電磁場という概念が導入されたのだ。すでに述べたように、マクスウェルは四つの基礎方程式で、電場と磁場の関係と、それらの発生源である電荷と電流を表した。

19世紀終わりから20世紀初めにかけて、電磁気学は、理論や研究と並行して、実用の面でも発展した。町は電灯で照らされ始め、電信と無線通信が使われるようになって通信時間が短縮された。さらに、工場には電動機も導入されるようになった。

アルベルト・アインシュタインは、この歴史的な背景の中で研究者として仕事を始めた。当時は、非常に革新的でダイナミックな時代であった。同時に、物理学者たちにとっては非常に難しい時代でもあった。

アインシュタインも、他の物理学者同様、ガリレオやニュートンの古典力学を学んでいた。これは、300年以上にわたって機能しただけにとどまらず、天体の動きに関するもののような素晴らしい成果をもたらした知識体系であった。

ニュートン力学の劇場は、点の位置を指定するための座標系で表される三次元空間だった。つまり、三つの軸が互いに垂直な位置関係にあり、原点が共通であるため、三つの数字で任意の点を識別できる。座標系の例として、(平面上ではあるが) テーブルゲーム「海戦ゲーム」のマス目の入ったシートが挙げられる。ここでは、どんな位置でも一つの文字と一つの数字で特定が可能だ。そして、位置を示すのに、誰でも自分に最も適した指標を選択することができる。例えば、自分がいる場所からの距離を測る場合がそれにあたる。私なら、勤務地のパドヴァ市は、住んでいるベネチア市から38キロメートル離れていると言う。

古典物理学という舞台では、時間は絶対的で不変であり、誰にとっても同じである。そして、運動は時間の経過とともに起こり、過去と未来の間には、明確で普遍的な境界がある。空間と時間は、厳密に分離されているのだ。

古典力学の基礎は、ガリレイ不変性、またはガリレイ相対性原理である。これは、物理法則が、一定の速度で相互に相対的に移動する慣性系において常に同じものであることを示す。例えば、自宅のリビングだとしても、時速３００キロメートルで移動する電車内だとしても、ビリヤードをした場合には、玉の動きを説明する法則はどちらでも同じとなる。そして、それを見ている私たちが動いているのか、あるいは静止しているのかを、玉の動きを観察することから理解することはできない、というものである。

それを理解するために唯一できることがあるとすれば、ある速度運動の慣性系から別の速度運動の慣性系に移るとき、各地点の座標を適切に変換することである。ガリレオは、ガリレイ変換という、そのための正確な変換方程式を提示している。

したがって、物理実験では、一つの慣性系で車両が静止しているかどうか、または一定速度で移動しているかどうかを判断することはできない。ガリレオは、船の甲板の下で行われた、空気抵抗と傾斜面の摩擦がないと仮想された理想的条件下での実験を説明するとき、このことを非常にはっきりと述べている。その場所からは外は何も見えないため、例えば、海岸を観察することで、船が動いているかどうかを知ることはできない。「船を好きなだけ速く動かして下さい。なぜなら、動きが一定で変動しない限り、前述のすべての効果のわずかな変化を認識できず、それを基にして船が動いているのか静止しているのかは理解できないからです」

ガリレオとニュートンの古典力学は、非常に簡潔で美しく首尾一貫していた。しかし、新しい科学、電磁気学が登場した。その理論は、マクスウェルの方程式のように非常に美しいもので、さまざまに実用化された。

問題は、電磁気学がガリレイ変換と一致しないという事実にあった。電界と磁界に関連するいくつかの基本法則が、ある慣性系と、それに対して一定の速度で相対運動しているもう一つの慣性系という、二つの慣性系間の遷移において変わってしまうのだ。電磁気学においてはガリレイ変換やガリレイ相対性原理が成り立たない、ということになる。

このことは衝撃的なこととして受け止められた。アインシュタイン自身がそのことを著書

『特殊および一般相対性理論について』の中で次のように認めている。「ガリレイ相対性原理の妥当性の問題はますます疑問視されるようになり、この問題への答えが否定的であることが判明することは不可能ではないように思われた」

この問題に対するアインシュタインの解決案は、特殊相対性理論であった。彼は、ガリレイ相対性原理を真理だと仮定したうえで、力学に限ったものから電磁気学を含む物理学全般まで広げて説明した。さらに、彼はそれに二つ目の仮説を追加した。それは、前述の方程式(式2)の数文字に要約されている。

つまり、光はすべての慣性系で常に同じ速度 c（光速）で移動するということだ。些細なことのように見えるが、しかし、これが物理学に革命をもたらしたのだ。

わかりやすくするために、もう一つ例を挙げよう。私たちは、時速20キロメートルの速度で移動している旅客船の甲板の上で、船の移動と同じ方向に時速10キロメートルの速度で走っているとする。時速10キロメートルの速度は、当然、船と一緒に移動する慣性系を基準にして計測される。岸で静止している友人にとって、船上のレースは時速30キロメートルで行われているように見える。これは、私たちの走る速度に船の速度が追加されているためである。

が、光ではそうは行かない。光速度を測定しても、速度が観測される慣性系に関係なく、常に毎秒29万9792・458キロメートルの値が出る。

光速度が普遍的な定数であり、慣性系に依存しないと認めることは、直接の帰結として、空間と時間の概念を深く定義し直すことになる。

ガリレイ不変性では、ある慣性系から別の慣性系に移るとき、長さは同じままだった。ビリヤード台の長さと幅は、電車でも居間でも同じで、船の長さと私たちが走った距離も同じだった。そして、ガリレオの理論には、どこにおいても一様に経過する絶対時間というものがあった。

他方で、アインシュタインの理論ではすべてが変わる。ガリレイ不変性と光速度の普遍性を両立させるために、彼はガリレイ変換を修正した。

まず、長さである。新しい特殊相対性理論では、移動の慣性系では運動する物体の長さが運動方向に進むとき短くなる。そして時間について。ガリレイ変換では、時間は慣性系や位置から独立した媒介変数であるが、アインシュタインの理論では、時間は絶対的な独立した存在としての特権を失い、空間と混ざり合って、密接に関連し合う相対的なものとなる。つまり、時間の進み方は、慣性系の移動速度が速いほど、また重力が強いほど、遅くなる。

私たちは通常、これらのことすべてに気づかない。なぜなら、私たちの日常の世界ではガリレイ変換を用いて説明すれば十分であり、アインシュタイン理論が重要になってくるのは、慣性系の間の相対速度が光速度に近い場合にのみだからである。光速度は、人間が実際に経験するのは難しい速度である。ガリレオの力学はほとんどの場合非常にうまく機能するが、実は不完全となる状況もあるのだ。

光速度、より技術的に言えば、真空中の電磁波の速度は、私たちを取り巻く世界に関する科学的知識を構築する支柱の一つになる。自然の不変の特性。普遍的な定数。そうした定数に基づく相対性理論は、このときからすべての物理学の基礎となり、必須条件になった。

アインシュタインが前述の本で述べているように、「この『時空の変換』は、相対性理論が自然法則を規定する非常に精密な数学的条件である。これにより、相対性理論は自然の一般法則を探求するうえで有効な発見的助けとなる。この条件を満たさない自然の一般法則が見つかった場合、本理論の基本的な仮説二つのうち、少なくとも一つは矛盾する」。

光速がメートルを普遍化する

リンカーン大学への訪問後、アインシュタインは9年しか生きられなかった。彼は1955年にこの世を去る。その運命によって、彼は、光の研究のための主要な科学機器の一つであるレーザーの完成を見る機会を奪われた。

レーザーの試作機第1号は1960年につくられた。レーザーは、十分に平行状態になるように調整された単色の光線を出す。放出される光は、はっきり決まった色をしている。より専門的に言えば、それを構成する電磁放射はすべて、明確に決まった同量のエネルギーを持っており、これにより正確に識別できる。

レーザーが単色であるという特性と、光速度が普遍的な定数であるという事実によって、このアインシュタインの理論はすぐに驚くべき応用をされるようになった。地球と月との間の距離を正確に測定できるようにしたのだ。この偉業は、マサチューセッツ工科大学で働いていたイタリアの物理学者ジョルジョ・フィオッコによって、1962年に成し遂げられた。

フィオッコが行ったのは、月に向かってレーザー光線を発射し、月の表面で反射して地球に戻ってくる光の速度を測定、分析するというものだった。フィオッコと同僚のルイス・スムリンは、粘り強く実験を重ねた。反射光の光度が非常に弱いことを考えると、1962年5月9日から11日の間に行われたこの実験は容易ではなかった。しかしこの実験は、後にさらなる他分野への応用の道を開いた。

結果的に、光速度は高い精度で計測された。アインシュタインの功績によって、光速度は一定であるとわかっていたため、月に反射してから地球に戻るまでにかかる時間を計測し、月と地球間の距離はかなり正確に求められるようになった。

単純に言えば、光の速度（毎秒29万9792・458キロメートル）×地球から放射し月で反射して戻ってくるまでの時間（約2・5秒）÷2（地球から月までの片道分）で求めることができる。諸々の誤差などを考慮した結果、地球から月までの距離は、38万4400キロメートルとなるのである。

月面に置かれた反射板

フィオッコが行ったこの測定は、地球から月までの距離を測るために今日でも定期的に実行されており、アポロ計画の宇宙飛行士が月に残した機器の助けも借りている。これは、「月レーザー測距実験（Lunar Laser Ranging Experiment）」と呼ばれた。比較的単純である一方で、生み出す情報量が大きいことから、この実験がアポロ11号のミッションの中で最も有益だとされている。月に運ばれた道具は、地球に向けられた一辺約0・5メートルの正方形のパネルである。その上に約百枚の再帰反射板が固定されており、光をやって来た方向に高効率で反射できる。再帰反射板とは、要するに、自転車の反射板と同じ原理で光を跳ね返す特殊な鏡である。これが、レーザーと鏡を使って地球から「撃たれたショット」の的になる。

月に設置されたピザの箱より少し大きい物体に向かって、地球から光を射当てることは、SFのように思えるかもしれない。ところが、カリフォルニアのリック天文台の科学者たちは、強力な望遠鏡の助けを借りて、アポロの月面着陸後わずか数日後には実現してみせた。70万キロメートルを超える往復の距離を旅した光を測定するのは、簡単な作業ではない。月に到達する光線は直径約4キロメートルに及ぶが、測定に役立つのは、月に設置されたこの小さな鏡にあたる光だけだからだ。アメリカ航空宇宙局（NASA）が「月の鏡を狙って光を当てることは、3キロメートル離れた距離からライフルで一つのコインを撃ちぬくようなものだ」と書いたのは予想外のことではない。「月レーザー測距実験」では、地球と月の距離は1センチの寸法まで測定することが可能だ。レーザーによって放出される光の質は高く、これまで想像もできなかった高精度での長さの測定も可能になった。

したがって、1983年にメートルの定義の新たな変更をもたらしたのは、まさにレーザーなのだ。そして、レーザーの技術によって可能になったこの新しいメートルの定義が、おそらくこれから長い間、最終的なものになるだろう。また2018年には、この1983年のメートルの再定義に拠(よ)って、国際単位系全体が普遍的物理定数に基づいて再定義されたのである。

普遍としての「c」

光速度という自然の普遍性を体現するシンプルな文字「*c*」。人間界の出来事に不可避な腐食・劣化からも完全に自由で、無形で不変の、すべての人の、そしてすべての人のための財産である。メートル法の基本単位の普遍的な定義のために最終的に選ばれたのがこの文字だとしたら、驚くべきことだろうか。

長さの単位の1000年の歴史の最終幕に到達する前に、この「*c*」の起源について少し余談をする必要がある。「*a*」や「*b*」ではなく、なぜ「*c*」なのかを疑問に思うのは当然だ。例えば、マクスウェルも、1905年の最初の論文投稿時点のアインシュタインも、速度を表す「*V*」を使っていた。しかし、他の物理学者たちはすでに「*c*」を使っており、この用語が定着したため、アインシュタインは1907年に「*c*」に代えた。

その理由を知りたい好奇心を満たす明確な答えはないが、この定義の価値の普遍性を考慮して、「定数（constant)」から派生する「*c*」が選択されたのだろうと考えられる。もう一つの考えは、ラテン語の「*celeritas*（速度）」に関連して「*c*」が選ばれたというものである。今日まで多くの研究がなされたが、この問いの答えははっきりしないままである。「*c*」のようなカリスマについては、少し謎のオーラがあっても結局何も支障はない。

メートルの長い歴史は、少なくとも今のところは、１９８３年に最終幕が上演されて終わっている。第17回国際度量衡総会では、「現在の定義では、すべての要求に対して十分に正確なメートルを実現できない」、「レーザーの周波数安定化の進歩により、（１９６０年の再定義の基礎となった）クリプトン86ランプから放出される標準放射よりも再現性がよく、使いやすい放射が得られる」と指摘された。

とりわけ、「レーザー（によって生成された電磁）放射の周波数と波長の測定における進歩により、整合性のある光速度の値が得られたが、その精度は、主にメートルの現在の定義による実現によって制限されている」、そして、「１９７５年第15回総会で勧告された光速度の値（*c* ＝ ２億９９７９万２４５８メートル／秒）を変更しないでおくことに、特に天文学と測地学にとって利点がある」と言及された。

言い換えれば、革命の歴史的遺産であるメートルと光速度では、科学は後者をより信頼できると見なしていることを意味する。天才アインシュタインへのもう一つの大きな賛辞である。

現代の科学と技術のニーズは、長さの測定において、クリプトンによって放出される放射波長に関して定義されたメートルでさえ、もはや保証できないレベルの精度を必要とする。そして、より正確な「c」の測定を可能にするさらに新しい定義を追い求めることはせず、ここで完全に終止符を打とうとしている。

光速度は、１９８３年時点で最も正確な値である毎秒2億９９７９万２４５８メートルに基づいて定められ、メートルは、それと秒の定義から間接的に導き出される。速度は、距離の計測値とそれを移動するのにかかる時間の比率に対応する。つまり、メートルの長さは、光が1秒で移動した距離の2億９９７９万２４５８分の1に等しいと定義される。したがって、メートルの定義は間接的であり、秒の定義に基づいて決められている。これから見ていくように、秒は、原子時計のおかげで、メートルを直接計測できる場合よりもはるかに高い精度で計測できる。

人間がつくる人工物に基づく定義の時代は、メートルに関しては完全に終わりを迎えた。さらに、他のすべての測定単位でも終わりに近づいている。メートルの新定義を採用することで、人類は、物理的物体に依存せず、光速度やその他の普遍的な物理定数に完全に基づくシステムを承認し始めた。これらの定数は確立された一連の科学的原理の中心にあり、自然法則に関して絶えず拡大する私たちの知識の骨格をなす。

真に、そして最終的に、あらゆる時代のあらゆる人のための測定システムがここに生まれたのである。

第 2 章

秒

太陽と音楽が育んだ「時間」の流れ

時速900キロメートルの飛行機内では、時間は遅く流れる？

うとましい置き物を購入し、友人やライバルに贈る人が後を絶たない。私がうとましいと思うその置き物とは、振ると中で雪が舞うように見えるあの神秘的なガラス玉のことだ。その物体は「スノードーム」と一般的に呼ばれている。

スノードームは、原則として、透明な液体の中に小さな立体の人工物を固定して、何らかの風景やシーンを表現している。クリスマスだけではなく、有名なモニュメント、人形、漫画のキャラクター、宗教的なシーンなど、表現するものはさまざまだ。

この美しさは、1900年に最初のモデルをつくった、ウィーンの外科用器具製造者であるエルウィン・パージーの創意工夫の賜物である。最初のスノードームの中には、オーストリアのマリアツェル教会の複製と、米を削った細かい破片で表現した雪が入っていた。現在、ウィーンには、発明者を偲(しの)んで、貴重な作品のコレクションを収蔵している美術館もある。

偽物の雪が入ったガラス玉を買ったことを恥ずべきだと考える人はほとんどいない。もしいるとすれば、オーソン・ウェルズの映画『市民ケーン』が、スノードームに捧(ささ)げた有名なシーンについて語れば、文化的なオーラを放つことで取り繕える。

そんなことをせずとも、スノードームのお土産人気の高さを証明する事実はいくつもある。例えば、数年前の新聞報道によると、ロンドン・シティ空港の保安検査場で最も多く押収されたのがスノードームだという。実際、スノードームには手荷物に許可されているよりも多い量の液体が含まれている。そのため、検問所で警備員の手にわたって、そこで旅を終えることだってある。が、こんな魅力がない置き物が没収されたおかげで、大切な友情やロマンチックな関係を壊す羽目にならずよかったのかもしれない。

その他にも、ロンドン・シティ空港の没収品ランキング上位には、もっと普通の物品も挙げられている。化粧品、アルコールの瓶、テニスラケット、手錠などだ。

ところが、原子時計が没収されたことは一度もないようだ。空港での取締りが緩和された1971年、ジョセフ・ハフェルとリチャード・キーティングが原子時計を民間航空機に乗せて運んだが、特に問題にはならなかった。当時の画像を見る限り、この中型冷蔵庫ほどのサイズの平行六面体は、二人の仲間と世界一周の旅を二度もすることができた。

物理学者ハフェルと天文学者キーティングは、ある目的のために原子時計を飛行機で空中移動させた。それは、肉眼で見える大きさの時計を使って、アインシュタインの相対性理論によって予測された時間の変化を検証する、つまり、速く動く物体ほどその時間はゆっくり

原子時計とともに記念撮影をする
ジョセフ・ハフェルとリチャード・キーティング

進むという特殊相対性理論の仮説と、重力が強い場所ほど時間はゆっくり進むという一般相対性理論の仮説の両方を検証するという重要な実験のためだった。

実験は成功した。権威ある『サイエンス誌』で発表された論文の要約では、次のように報告されている。「1971年10月に四つのセシウムビーム時計が民間航空機で世界を一周した。一回は東に、もう一回は西に移動した。結果、相対性理論の予測としっかり一致する方向に依拠する時間差を記録した。米国海軍天文台の原子時間標準に対して、飛行機で移動した時計は、東への移動中に59±10ナノ秒（1ナノ秒は10億分の1秒）遅れ、西への移動中には273±7ナノ秒進んだ。ここでの誤差は対応する標準偏差である。この結果は、肉眼でデータが識別可能な大きさの時計によって得られた、有名な時計の『パラドックス』に対する、明確な経験的解決策を提示する」

時速約900キロメートルで移動する飛行機上では、1日は数十ナノ秒長くなる。一見、ほとんど無意味な時間差のように見える。しかし、数十ナノ秒というのは、スマートフォンでも数十回の算術演算を行えるくらいの時間である。

自然現象を用いて時間の測定は始まった

科学とは関係のないところで最も大きな影響を持つ単位こそが、時間だ。私たちが持っている最も尊いもの、つまり人生や生活と、時間は密接に関連しているので、驚くべきことでもないだろう。時間は私たちを慰め、苦しめる。そして、私たちに希望を与え、導いてくれる。人間は、過去の経験と未来への期待の間に挟まれて、現在の瞬間を生きている。

時間は人生や生活のどこにでも存在する。私たちはそれを受け入れ、気にしないようにしようとするが、簡単にはできない。また、時間は人間の経験の中に存在しているため、説明するのも想像を絶するほど難しい。

西ローマ帝国時代の神学者であり哲学者であるアウグスティヌスは、４世紀にすでにこのことに気がついていた。「時間とは何か」という問いに、彼は次のように答えている。「誰にも問われなければ、この答えはわかるが、問われて説明しようとすると、答えがわからない」

ノーベル賞を受賞した物理学者リチャード・ファインマンは、このジレンマに実践的な答えを出そうとする。物理の講義を記した著書に、「本当に重要なのは、それをどのように定義するかではなく、どのように測定するかだ」と書いている。

ファインマンのこの実践的な態度は、人類が文明の黎明期からずっと行ってきたことを反映している。時間の本質を考えたり、時間を管理したりするずっと前から、人類は時間を測ろうとしてきた。

時間の測定のために、人類はまず、季節や月の満ち欠けなど、周期的で繰り返し起こる自然現象を利用した。時間の測定技術のすべてに共通するのは、このように、定期的に繰り返される周期的な現象を利用していることだ。1日の中で夜と昼が交互に来ることもそうだ。また、後で説明するように、原子から放出される放射線量が最小値と最大値で繰り返される周波数などもある。

日時計、水時計という古代の大発明

暦は、新石器時代には早くも導入されていた。フランスで発見された約4万年前のマンモスの牙の銘板の彫刻が、1年間の月の満ち欠けの記録であると信じている学者たちさえもいる。実に、世界のさまざまな地域で発見された多くの遺物の中で、世界最初の暦を決める論争にはまだ決着がついていない。

例えば、世界で最も古いものの一つと思われるポケットサイズの暦は、約1万年前のもので、イタリアのアルバーノ山地で発見された。手のひらに収まる石製のそれは、おそらく農業で使われる一種の下書きの日誌のようなものだという。石に刻まれた28個の目盛りは、月の満ち欠けの周期を表すと考えられている。

また、時間を計る方法すべてに共通するのは、時間を見えるもの、感知できるものに投影することである。自身の老化であれば、私たちは誰でも時間の経過を感じることができる。しかし、時間経過を客観的に計るためには、時間を知覚できるものへと具体化する必要がある。例を挙げると、影や指針の動き、鐘の音、砂時計の中の砂の量、燃えるろうそくや線香の長さ、パン屋の前の焼きたてのパンの香りなど、さまざまである。

エジプト文明とシュメール・バビロニア文明は、当時の時間測定の最前線に立っていた。シュメール人が導入したものの一つに、60進法がある。1分間の秒数、1時間の分数を計るために、今日でもこのシステムが使われている。

エジプト文明の「王家の谷」では、紀元前13世紀にさかのぼると考えられている最も古い

オベリスク

日時計の一つが、最近発見された。古代エジプトのオベリスク（方尖柱）も、この日時計と同様の原理で機能する。柱の影を使って日中の時間の経過と季節の変化を測定するのだ。今日も残っているパリのコンコルド広場を飾る有名なルクソール・オベリスクは、３０００年以上前のものである。このオベリスクは１８３０年頃に、オスマン帝国のエジプト知事ムハンマド・アリーによってフランスに寄贈されたものだ。ちなみに、それと交換にフランス側から贈られたのは機械式時計だった。エジプトにとってこの交換取引自体がそれほど良いものだったかどうかは何とも言い難い。

エジプトの独創性はここからさらに進んだ。オベリスクと日時計には太陽光が必要だったが、日光は常にあるわけではない。そのため、水時計が開発された。水時計とは、現代の砂時計のような、道筋をつけられた開口部を通って目盛り付きの容器に液体が流れ込むものだった。容器にたまる水の量は経過時間に比例する。その量を測ることで時間を測定できるというわけだ。現代では高品質の時計を最も多く輸出している国はスイスだが、古代における時計の輸出国と言えばエジプトだった。

一方で、イタリア政治の中心地である代議院議事堂があるローマのモンテチトリオ広場にあるオベリスクは、元々は「アウグストゥス皇帝の日時計」と呼ばれる壮大なスケールの日時計の指針だった。このオベリスクは、紀元前10年にアウグストゥス皇帝によって、カンプス・マルティウスという古代ローマの公共地の近くにエジプトから持ち込まれたものだった。

日時計と水時計は、古代ローマで広く普及した。それはローマ文明が発展し、時間の測定の必要性が高まってきたことの表れでもあった。しかしながら、利用可能な機器はまだ不正確なものが多く、政治家セネカも「正確な時刻はわからない。さまざまな時計が同一の時間を示すよりも、哲学者たちの意見が一致する方が簡単だ」と述べるような状況だった。

さらに、古代ローマのアウルス・ゲッリウスが『アッティカの夜（*Noctes Atticae*）』の中で吐いた毒舌は、今では反科学的として分類されるようなものだった。「最初に時間を発明した者、そして何よりもここに日時計を最初に置いた者を、神々が滅ぼしますように！　日時計は、可哀想な人間の1日をバラバラに引き裂いたからだ。私が子供の頃は、胃が唯一の時計で、実際にはこれらすべての悪魔（日時計）よりもはるかに正確だった。どこに行っても、食べ物がなくても、胃が私たちに食べるよう指示したんだ。それが今では、食べたいときでさえ、太陽が嫌がるなら食べられない。今、街は日時計でいっぱいで、ほとんどの人が空腹で倒れて地を這うようになった」

時間の測定に精度が求められても、この時代には良い解決策はなかった。そして、ローマ帝国時代の終わりから中世まで、ヨーロッパの時間測定の発展は大きく滞ったのだった。新しい社会体制になり、人々が自分自身を取り戻した近世になってようやく、再び精度の高い時間の測定が求められるようになる。例えば、都市の塔に設置された機械式時計は、人々のアイデンティティと共同体のための装置になった。特に有名なものとして、ベネチアのサンマルコ広場を見下ろす時計塔がある。

しかし、時間の測定における真の革命は、現代物理学に頼る必要があった。

ベートーベンが使った「振り子の法則」

半裸で「エウレカ！」と叫びながら浴槽から出てきたアルキメデス、リンゴを頭に乗せたアイザック・ニュートン、ピサ大聖堂のシャンデリアの揺れに催眠術をかけられたままのガリレオ、そして、時系列に言えば最後は、写真家に舌を突き出すアインシュタイン。

というように、物理学というものは、少し奇妙なキャラクターの人とともに語られる。そして、発見とは一種の一瞬のひらめきだけの結果なのではないか、と誰もが思うだろう。こうしたイメージは一般的に考えられているよりも広まっているかもしれないが、残念ながらこの見方は正当ではない。

科学とは、大きな発見に伴うような最高の瞬間だけでなく、日常のひとときひとときの、研究や訓練、疑問を抱くこと、そしてもちろん即興など、すべての幸運な組み合わせの成果なのだ。重要なのは、科学は、まるでジャズのように、非常に堅実な技術を基に発展するということだ。だから、科学的方法においては、困難な研究を背負って努力している研究者一人一人に、平等に価値があるのだ。この意味で科学は民主的である。パンをつくる小麦粉のように、研究と教育は、科学の基本的な要素である。近道はない。科学を民主的にするのは、研究なのだ。

そうは言っても、逸話というのは物を語るうえでの強力なツールだ。逸話を使えば、時間測定の近代的な発展を可能にした、小さな振動の「振り子の等時性」という重要な発見を見逃すことはなくなる。16世紀末、科学的方法の基礎を築いたイタリアのピサのガリレオ・ガリレイ教授は、次のように述べている。「私たちが従う方法は、説明されるべきことがどれほど真実かということを決して仮定することなく、[通説や仮説として」言われていることを［検証して］言えることに依拠する方法である」

ガリレオ・ガリレイ
（1564年～1642年）

逸話によると、ピサ大聖堂を訪れたガリレオは、シャンデリアのリズミカルな振動に魅了され、注意深く観察したという。そして、心臓の鼓動数で振動を数えることで、振動の持続時間を測定した。つまり、脈拍という繰り返し現象で時間を計り、振幅が比較的小さい場合には、振れ角に関係なく、振動はすべて持続時間が同じであることに気づいた。これが「振り子の等時性」として知られている現象である。

言い伝えによれば、ガリレオが観測対象としたシャンデリアは今日でもピサの大聖堂にあるというのが定説だが、彼が観察したとされている時期は中央廊下のシャンデリアの製造よりも前になるので、おそらくこれは真実ではない。

伝説はさておき、小さな振動の等時性は、時間を測定するための基本的な特性である。ガリレオは、振動、現在の振り子時計が行っているのと同じ振動の数を記録すれば、はるかに正確に時間を測定することが可能であることに気づいた。そして、人生の終点に向かいながらも、ガリレオは世界で最初の振り子時計を設計したのだ。振り子時計の模型を作ったのは、彼の息子ヴィンチェンツォだが、1656年に世界初の実用的な振り子時計を作ったのは、オランダの科学者クリスティアン・ホイヘンスである。結局、発明者として記憶されているのはホイヘンスの方だ。

振動現象はさまざまな分野で応用された。17世紀の終わりごろには、メトロノームの最初の祖先である、ルーリエ・クロノメーターが登場した。これは、この装置を設計したフランスの音楽家エティエンヌ・ルーリエにちなんで名付けられた。

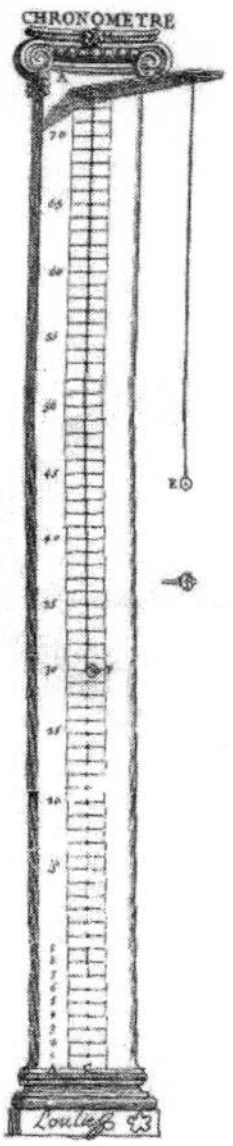

ルーリエ・クロノメーター

それまでの音楽は、リズムを保つために手首の脈動を頼りにしていた。しかしこれは、明らかに主観的で、非常に不安定だった。一方、ルーリエのクロノメーターは、小さな振動の等時性に基づいているため一層正確で、演奏者自身が周期を調整できるものだった。ルーリエは次のように書いている。「このクロノメーターは、これから作曲家が作品の速度を正確に示すことができる装置である。だから、その音楽は、作曲家がその場にいなくても、作曲家が意図したとおりに正確に演奏することができる」

このルーリエのクロノメーターの技術が、現在メトロノームとして知られている器具の原型になった。メトロノームは、音楽演奏において、1分あたりの拍数の違いによってリズムをつくる。1815年にドイツの発明家ヨハン・ネポムク・メルツェルが最初に特許を取得したが、発明者として発明権（発明を独占し、特許を受ける権利）を主張したオランダのディートリッヒ・ニコラウス・ヴィンケルと激しい論争になった。

メトロノームが音楽家の間で広がって行くまでは、曲が演奏される速度（テンポ）は楽譜に定量的に指定されておらず、アダージョ（緩やかな速度で）、アンダンテ（歩くような速さで）、アレグロビバーチェ（快活に速く）などの定性的な指標によって指定されていた。そして、各演奏の速度は、曲が書かれた音楽的文脈は踏まえつつも、演奏者のある程度の恣意性と経験によって変化していた。

それが、メトロノームの出現により、音楽のテンポをより客観的に定義できるようになった。当初のユーザーの中には、あのルートヴィヒ・ヴァン・ベートーベンもいたという。彼は、積極的にメトロノームを創作に取り入れたおかげで、交響曲第9番という名曲が生まれたとも語っている。交響曲第9番では初期のメトロノームの一つを使ってテンポを記録したが、不遇にもこの記録は１９２１年にベートーベンの回顧展が行われた際に紛失されてしまった。彼は、以前に作曲した八つの交響曲や他の作品の楽譜にも後からテンポを書き記した。

しかし、楽譜に書かれたテンポが速すぎたり、不調和になったりする点が見受けられ、彼が記したテンポについては、多くの音楽家の間で論争が続いている。

中でも有名なのは、ピアノソナタ第29番作品１０６「ハンマークラヴィーア」だ。これは毎分１３８ビートという、ほとんど実行不可能な速いテンポで始まっている。この点において、音楽学者や演奏家たちは大きく二派に分かれて長い間衝突した。一つは、ベートーベンが指示したテンポを無視して、演奏者自身の考えで適切なテンポを決めようとするグループ。もう一つは、ベートーベンの指示通りに演奏し、テンポを守ろうとするグループだ。特に前者の主張をした者は、示されたテンポの信憑性に疑問を呈し、「おそらく転写するときに間違ったのではないか」とか「メトロノームが誤動作したのではないか」と議論した。

この論争に際立った貢献をしたのは、スペインのカルロス三世大学の物理学者アルムデ

ルートヴィヒ・ヴァン・ベートーベン
（1770年頃～1827年）

ナ・マルティン・カストロとビッグデータの専門家イニャキ・ウカルだ。2020年に学術誌『プロス ワン』に掲載された彼らの論文は興味深い。ベートーベンの九つの交響曲を典型的なデータサイエンスで分析したところ、36種類の演奏バージョンのうち、それぞれ演奏者が選択したテンポの平均が、ベートーベンの指示とは全体的に異なっていることが発見された。

この二人の研究者は、ベートーベンが当時使用したメトロノームの数理モデルを使って分析し、おそらくベートーベンか助手がメトロノームを読み間違えてテンポを記録した、と結論づけた。当時最新の装置の機能をまだよく知らず、十分に使いこなせなかったのだろう、つまり、当時はメトロノームを容易に使うための文化的条件が不足していた、と述べた。とはいうものの、この数理的に導かれた結論を気にすることなく、ベートーベンが示したテンポに従って彼の曲を演奏する勇敢な指揮者たちがいる、という事実に変わりはないのだが。

そして3億年あたり1秒の誤差に

「時間を美しく飾る音楽がなければ、時間は、請求書が支払われなければならない一連の期限と日付に過ぎない」

そう言ったのは、別の有名なミュージシャン、ジミー・ヘンドリックスである。この発言はさまざまな観点から非常に共感を呼んだ。

ローマ帝国の崩壊とともにやってきた、時間の測定にとっての長くて暗い時代も、時間の測定は基本的に日時計と水時計によって担われ続けていた。しかし14世紀に、近代的な時間計測の技術が発展を遂げる。その理由の一つとして、日常生活と経済活動を組織する必要性が大きくなったことが挙げられる。こうして、14世紀にイタリアでは、街の中に塔時計が設置され、機械式時計が普及し始めた。

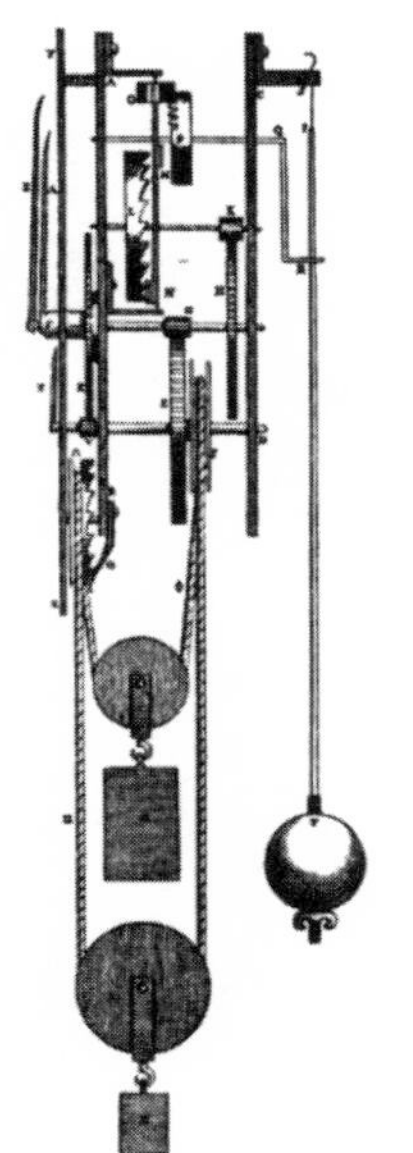

ホイヘンスの振り子時計

その後の時間計測精度の飛躍的な向上は、ガリレオの観測とホイヘンスの実用化の産物である振り子のおかげだ。誤差は大幅に改善し、機械式時計では1日あたり約15分のズレが、17世紀後半の振り子時計では1日あたり約15秒まで抑えられた。

ここからさらに時計の精度を向上させたのは、イギリスのジョン・ハリソンの功績だ。本業は大工だが趣味が高じて時計を自作していたハリソンは、1日あたりの誤差が約3秒という精度の小型時計を、1750年から1760年にかけて開発した。こうして、船内での経度測定という当時の航海での懸案事項を解消するために、時計が重要な機器となって活躍した。

この技術に改良が重ねられた。1921年には、イギリスの技術者であるウィリアム・ショートが電気機械式の振り子時計を開発し、1年の誤差も約1秒という高い精度になり、時間を計る基準にもなった。

科学の歴史にはよくあることだが、従来の技術革新がピークに達したとき、それに取って代わる新しい芽が生えてくる。時計開発にも同じことが起こった。ショートの振り子時計が時間計測の標準になったのと時を同じくして、アメリカのベル研究所ではウォーレン・マリソンとジェセフ・ホートンが、最初のクウォーツ時計（水晶に電圧を加えることによって起こる振動を活用する時計）をつくっていた。クウォーツ時計も振り子のように定期的に繰り返される現象に基づいており、その繰り返しの回数は時間を計るために利用できるのだ。

クウォーツは、音叉（おんさ）のように働く圧電体（電圧がかかるとひずみが生じる物質）である。これは、電流が水晶を通過するとき、水晶が弾性を帯び、非常に規則的な速度で変形するこ

米国国立標準局(現在は標準技術研究所、NIST)に保存された
ベル研究所が作製した初期の水晶振動子

とを意味する。変形することで、小さな電流が発生する。

数十ユーロで販売されている一般的なクウォーツ腕時計では、内部の水晶が1秒間に3万2768回振動し、1ヶ月あたりの誤差も15秒以内という精度で動いている。早くも1940年代の公式の時間計測に使われていたクウォーツ時計は、現在のクウォーツ腕時計よりもはるかに正確だった。クウォーツ時計は電気や熱を通さないよう適切に絶縁されているため、重力やノイズ、外部振動などの機械的影響を受けず、振り子時計よりもはるかに頑丈である。精度は1年あたりの誤差が約3秒と、ショートの振り子時計よりもわずかに劣るが、耐久性が高くメンテナンスの必要性が低いため、時間計測の標準として優先的に使われるようになった。その後、クウォーツ時計は１９６０年代末まで、米国時刻系の標準であり続けた。

それまでの何世紀もの期間と同様に１９６０年時点でも、秒は、地球の自転周期にあたる１日の時間の長さの一分数だと理解されていた。つまり、地球の１日とは地球が自転運動を１回完了するのにかかる時間で、１秒はこの地球の１日の８万６４００分の１に相当する、と定義されていた。

しかし時を経ると、この定義は時間を正確に表しておらず、これでは科学技術の進歩には追いつくことができないことがわかった。地球の自転速度はわずかに変動しているため、このような標準値だけで表すのは不十分だったのだ。

よって、１９５６年国際度量衡総会は、秒について、太陽を中心とした地球の公転周期に基づいた新たな定義を採択した。この定義は、実用的ではなかったが、以前の定義よりもはるかに正確だった。これによって秒の定義は、１９００年の夏至から１９９１年の夏至までの太陽年（太陽が黄道上の分点と至点から出て再び各点に戻ってくるまでの周期）の３１５５万６９２５・９７４７分の１となった。

しかし、この定義がある到達点に達したと考えられたとき、科学は再び動きだす。科学はそれまでに得られた定義の確実性に疑問を投げかけ、そして、数十年前にジェームズ・クラーク・マクスウェルによって提唱された先進的な考えを実践するのだ。

１８７９年、電磁気学の父マクスウェルは、同僚のウィリアム・トムソンに手紙を書いた。その中で、地球の自転周期よりも正確な時間の尺度になるのは水晶の振動周期だろう、と提案していた。

クウォーツ時計の例からもわかるように、このことは、20世紀の最初の数十年の間に証明された。しかし、マクスウェルの想像力はさらに進んでいた。実際、彼はこのようにも書いている。いずれにせよ、水晶発振に基づく測定は物質に依存しているため、いずれ劣化するだろう。それよりも原子の特性に関係するような不変の自然振動に基づいた方がはるかに良いだろう、と。

ジェームズ・クラーク・マクスウェル
(1831年〜 1879年)

マクスウェルとトムソンが思い描いたことは、最初の原子時計の開発が始まった１９４０年代に現実になり始めた。このときもまた、振動現象に基づいて同じ周期で繰り返される事象を数えることで、時間の計測が可能になった。ただし以前とは異なり、この時間を計るための振動現象は、振り子や水晶片などの人工物に基づいたものではなく、物質の基本的な構成要素である、原子の特性に結びついたものだった。

第1章のメートルでも見たように、ニールス・ボーアの原子理論の基礎となる仮説によると、原子が明確な量のエネルギーで電磁放射をするのは、最初に高いエネルギーの軌道を動いていた電子が低いエネルギーの別の軌道に不連続に遷移する（状態が変化する）ときだけである。そして、放出される放射線の周波数は、二つのエネルギーの差をプランク定数で割ったものに等しくなる。

米国国立標準技術研究所（NIST）が開発したチップサイズの原子時計

逆に、ある定常状態の軌道からより高いエネルギーの別の軌道へと電子を遷移させるには、二つの軌道のエネルギーの差と正確に等しい量のエネルギーを与える必要がある。したがって、電子の遷移の結果、原子は限定された所定のエネルギー値、または周波数を持つ電磁波を放射する。

すでに見たように、このエネルギーの全体は原子のスペクトル（分光器を通すことで得られる、電磁波の波長ごとの強度分布を記録したもの）であり、周期表の各成分は他の成分とは異なる独自のスペクトルを持っている。さらに、各エネルギーの値は自然によって決まっており、人間の行動から完全に独立している。

現代の原子時計が使っているのは、セシウム原子の遷移の一つである。１秒あたり91億９２６３万１７７０回振動する周波数でエネルギーを放出および吸収する遷移を用いている。これは、一定で不変かつ普遍的な値であり、現代の秒の定義の基礎になっている。

１９６７年の第13回国際度量衡総会以来、秒は、セシウム原子の二つの準位間の電子の遷移において放出されるエネルギーが91億９２６３万１７７０回振動するのに必要な時間、と定義されている。

採用された遷移は、正確に言うと、セシウム１３３原子の基底状態の二つの超微細準位の間の遷移である。２０１８年第26回国際度量衡総会において、国際システムの新しい定義の中で、この遷移の周波数が確定され、ΔνCsの記号が指定された。

なお、最初の原子時計は、１９４９年に米国国立標準局の研究所（現ＮＩＳＴ）でつくられた。今日も、米国の公式の時間を示すためにＮＩＳＴで使われている原子時計は非常に正確だ。最悪の場合でも、３億年で１秒のズレがあるかどうかである。

間違いなく、遅刻の言い訳はもうできない。

アインシュタインと「とける時間」

1日あたり数十分のズレから3億年で1秒のズレという精度に達するまで、時間の測定において、私たちは7世紀という長い道のりを歩んできた。しかし逆説的に、人類はより正確な測定によって、以前よりも時間を利用し、制御しようとしてきた。そして、時間の概念自体はより捉えどころのないものになり、理論物理学は未だに時間の意味を問い続けている。

そして、時間の計測技術の変革と同様に、時間の定義についてのパラダイムシフトも起こった。時間に関する科学的および哲学的な議論が1000年以上実質的に停止した後の、17世紀のことである（西暦4～5世紀を生きたアウグスティヌスを思い出そう）。コペルニクスが著作を発表し、科学革命が最初の一歩を踏み出したとき、時間は、まだ、何かが起こったときにのみ流れるものと考えられており、アリストテレスの概念からほとんど進歩をしていなかった。

バスケットボールの試合ではどのように時間を計るか、ご存知だろうか。試合時間は、選手がプレイしているときだけ進む。ファウル、アウト・オブ・バウンズによって試合が中断されたら、時計も停止する。比較は失礼かもしれないが、アリストテレスにとっての時間も似たようなものである。つまり、事象が起こったとき、動きがあるときにのみ進むのだ。したがって、それぞれのゲームごとに実際にプレイされる時間が異なるように、それは絶対的なものではない。これは１０００年以上支配的だった時間の教義であり、中世の文化ではこれが浸透していた。

したがって、科学革命の到来によって提唱されたことがいかなる大変動であったかは想像に難くない。特にガリレオ、そして後にアイザック・ニュートンが構築した力学は決定的なものだった。

時間はどこにおいても誰にとっても同じで普遍的な価値を持つ、というのがガリレオとニュートンの考えだ。それは、物理的プロセスが進化するうえで、自然体系の指標として機能する絶対的なパラメーターになる。したがって、どんな時計でも同じ時間を示す、普遍的な時計を確立することができる。どう知覚されるかに関係なく、時間は存在するというものだ。

時間の概念における革命の基礎にあるのは、ガリレイ不変性、またはガリレイ相対性原理である。これは、一定の速度で相互に移動する慣性系では物理法則は常に同じである、という予測だ。言い換えれば、物理学の実験をする場合には、物体が静止しているか、一定の速度で動いているかを判断することはできない、ということである。

ガリレイ不変性、そして古典力学を体系化したニュートンの研究は、何世紀にもわたって偉大な成功を収めた。その後、それらの理論を使って、惑星の動きやエンジンの部品の動きが説明され、飛行機が設計されることになる。

また、ガリレイ変換は、こうも主張する。時間は二つの慣性系において、同じままで変わらない、と。つまり、時間は絶対的である。ニュートンは、すべて空で何も起こらなくても時間が経過する、無限の何もない空の空間だと考えた（「絶対的な真の数理的な時間とは、外部と無関係に、その本質に基づいて、一律に流れて行くものである。これを、別名、デュレーション［経過時間］と呼ぶ」）。

スポーツの例を続けよう。ニュートンの時間概念は、サッカーの試合時間と似ている。プレイが中断しても、90分という時間は経過する。誰にとっても同一で、現在と過去を分ける正確な線があるイメージだ。私の今は、誰にとっても今である。私がこの本を地面に落とせば、どのくらい後に本が床に落ちるかを正確に計ることができる。そして、どこにいても、誰にとっても、この時間間隔は同じである。

すでに高齢になっていたピカソに、インタビューの思い出としてスケッチを描いてくれと、ある記者が頼んだそうだ。そのときピカソは、鉛筆と紙を手に取って絵を描いてくれた。記者は「わずか数秒で描いたこのスケッチが、数千ポンドで売れることについてどう思いますか」と尋ねた。するとピカソはこう答えた。「この絵を描くのにかかった時間は８秒じゃない。80年と8秒だ」と。

一方、ミケランジェロは、システィーナ礼拝堂のフレスコ画に4年を費やしたが、他の有名な絵画の場合ははるかに短期間だった。サルバドール・ダリもまた、有名な絵『記憶の固執』を描くには数時間で十分だったと言った。この数時間とは、妻のガラが映画を観に行っていた時間である。その日、ダリは頭痛がひどかったため、一緒に行けなかったという。

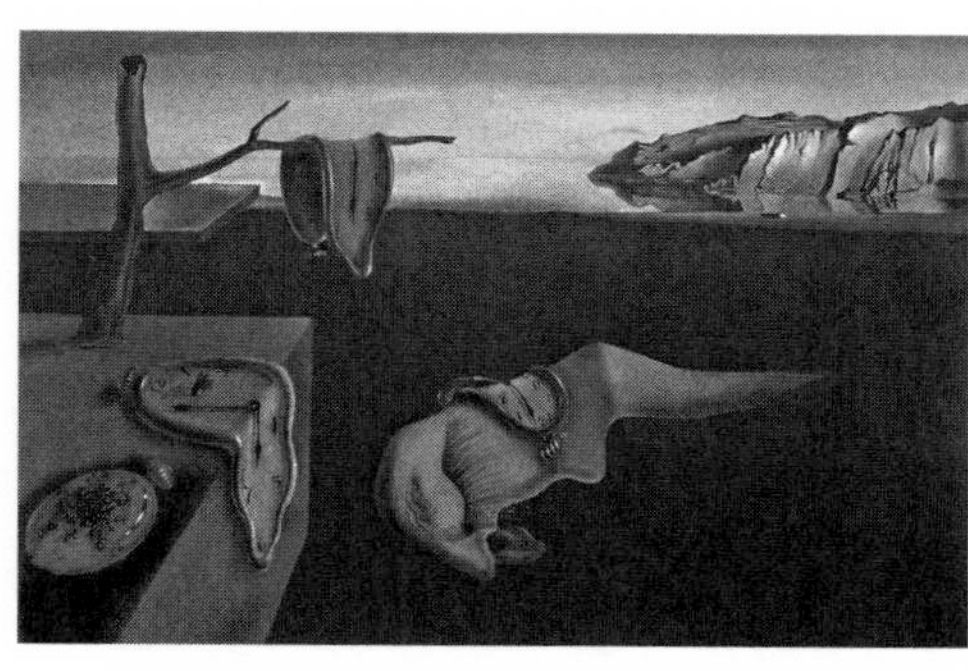

サルバドール・ダリ
『記憶の固執』

コスタ・ブラバの沿岸の風景が描かれているこの１９３１年の作品には、ほとんどとけて、液状化した時計が際立っている。この時計が反映しているのは、時計によって刻まれるまっさらな時間だけではなく、人間の経験としての時間だ。客観的な時間が、柔軟で主観的かつ個人的なものになることが、時計がとけることで表現されている。つまり、とけた時間は相対的である。

ダリに強い影響を与えたのは当時話題になっていたアインシュタインの相対性理論だ、と多くの評論家が言うのは当然のことだ。イギリスの天文学者アーサー・エディントンによって実証されたことで、アインシュタインの相対性理論が有名になったことを思い出しておこう。この実証実験についてはキログラムについての章で述べるが、相対性理論は、今や学術分野を越えて文化系の界隈でも話題になり、主役になった。

例えば、ダリの作品が制作される2年前、1929年のニューヨーク・タイムズ紙の記事の一節が、アインシュタインの理論に言及していた。「美しい女性と一緒に2時間座っている場合、男性には1分だけ経過したように感じる。しかし、1分間ストーブの前に座っていた場合は、彼にとっては2時間も経過したように感じる。これが相対性理論である」。これは男性と女性が入れ替わっても、または二人が同じジェンダーであっても言える例だろう。

アインシュタインが、この記事の例を実際にあげたかどうかはわからない。しかし、相対性理論によって、彼は間違いなく時間の概念に革命を起こし、その絶対性を否定した。時間はもはや絶対的な概念ではなく、異なる速度で移動する慣性系で流れが異なる。後に詳しく説明するが、静止している観測者にとって同時に発生する二つの事象でさえ、移動している人にとっては同時ではなくなる可能性がある。

こうして、ガリレオの革命から3世紀も経たないうちに、時間に関するもう一つの革命が起こったのである。

18世紀の終わりまで、力学は、ガリレイ相対性原理と絶対時間の概念に依拠していた。しかし、まさにその時期、社会や経済、一般生活を規定する電気および磁気的現象を説明する電磁気学が日に日に発展していた。グリエルモ・マルコーニの最初の大西洋横断無線通信がもたらした革命について考えてみれば良い。１８９２年には、ローマとその約30キロメートル東にあるティヴォリの間で世界初の送電線が本格的に稼働した。つまり、電磁気学が実際に機能したのだ。

そのとき物理学者たちが気づいたのは、電磁気学を説明するマクスウェルの法則が、ガリレイ不変性と一致しないことだった。

マクスウェルの方程式は、ガリレイ変換しても成り立たない。移動する媒体の電磁気現象は、静止する媒体の場合と異なっていなければならないはずだからである。これは大問題だ！

これは、特定の事実から生じる問題である。あなたは、スーパーマンのセリフを知っているだろうか。「光より速く」。前の章で見たように、それはでまかせだったのだ。

人類は「今」を失った

「あの、あなたがしているこの実験は何ですか」

19世紀半ば、科学者として英国王室に仕えていたマイケル・ファラデーは、ある日、財務大臣にこう訊ねられたらしい。ファラデーが自分の仕事に対する財務大臣の見解に非常に敏感だったことを考えると、これは陰湿な質問だ。しかし、ファラデーはいらつくこともなく、「正確にはわかりませんが、いつかあなたは必ず、この成果に税金をかけることになるでしょう」と答えた。

そして実際に、彼の言うとおりになった。ファラデーが取り組んでいた実験は、磁場中の導体（電気をよく通す物質）の動きを利用して、運動エネルギーを電気エネルギーに変換する可能性を実証していた。つまり、現代の発電機の原型である。電気代の請求書に税金がかかっているのを見たときには、私たちは彼の予想があたったと思うだろう。

当時は、電磁気学が飛躍的に進歩した時期だった。実用的な応用がますます増える一方で、マクスウェルの方程式とファラデーのおかげで理論的にも発展した。しかし、電場と磁場の特性を説明するマクスウェルの方程式は、ある重要な影響をもたらす。

一つの光源、例えば電球について考えてみよう。それが発する光は、その光源の速度に関係なく、常に一定の速度（毎秒2億9979万2458メートル）で移動する。つまり、私たちがどんなに速く進んでいようとも、光は常に私たちよりも全く同じ分だけ（毎秒2億9979万2458メートル分）速くなる。光は、どの慣性系でも常に同じ速度で移動するのだ。

そして、これはガリレイ不変性にとって大きな問題だった。この問題を解決した功績を認められるべきなのは、アインシュタインである。アインシュタインは、相対性理論で次の二つの原理を中核に置いて論じている。

(1) すべての物理法則は、一定の速度で相互に移動するどの慣性系でも同じである。言い換えれば、慣性系が等速運動であるかどうか、つまり絶対速度であるかを物理法則で判断することはできない。

(2) 光速度は、どの慣性系でも一定である。

この二つの条件を満たすために、アインシュタインは、速度 v で相互に移動する二つの慣性系の間のガリレイ変換を変更する。これは次のページの（式3）のような方程式になる。

少し複雑かもしれないが、注意して見て欲しい。これは革命だ！

$$x' = \frac{x - vt}{\sqrt{1 - \frac{v^2}{c^2}}}$$

$$y' = y$$

$$z' = z$$

$$t' = \frac{\left(t - \frac{vx}{c^2}\right)}{\sqrt{1 - \frac{v^2}{c^2}}}$$

（式３）
アインシュタインが生み出した方程式

ガリレイ変換においては、時間とは、慣性系や位置に依存しないパラメーターである。そして、時間はすべての慣性系で同じように経過する。

しかし、アインシュタインの理論では、時間は絶対的な実体としての特権を失い、その上位部分は次のようになる。時間 t (time) は空間（座標 x、y、z で表される）と混ざり合い、相対的なものになる。時間は、もはや絶対的で独立した量ではない。

相対性理論では、移動する慣性系では時間がゆっくりと経過し、徐々にそれが拡大することを示している。光速度に近い速度で走る列車があるとして、その列車内の時計で1秒経過したとき、駅にいる観測者の時計は1秒以上時間が経過していることを示す。具体的に言うと、毎秒27万キロメートルの速さ（光速の10分の9）の列車の場合、駅で静止している観測者にとっての10分は、列車の乗客よりも4分ちょっと長く経過したことになる。もしあなたが若いままでいたいなら、光速に近いスピードで走行する列車を見つけてみるのも良いだろう。

アインシュタインの相対性理論は、ガリレイ変換固有の「絶対同時性」の概念をも危機に陥れる。「今」という概念は、もはや普遍的な意味を持たない。一般相対性理論以前の考え方では、「今」という概念は当然のものだと見なされていた。「この瞬間」という表現は、宇宙のどこでも有効で、非常に厳密な意味を持っていた。しかしアインシュタインにとっては、ある慣性系では同時に起こる二つの事象が、別の慣性系では同時に起こらない可能性がある。駅と列車の例で言えば、駅で静止している観測者にとって離れた場所で同時に起こる二つの出来事が、移動中の列車にいる観察者には同時に起こるようには見えないのと同じである。

つまり、私たちはもう「今」について話すことはできない。あなたがこの文を読んでいるこの瞬間を考えてみよう。以前はニュートン力学に基づき、あなたがこの文を読み終えた瞬間、この「今」に対して、過去と未来の間に宇宙全体に伸びる非常に正確な境界線があった。絶対的な境界線が。

だが、アインシュタイン理論によって、すべてが変わったのである。

ある宇宙飛行士が壮大なミッションのために、地球に最も近い星の一つであるプロキシマ・ケンタウリbに到着したとする。その星は、地球から約4光年（約40兆キロメートル）離れている。これは、プロキシマ・ケンタウリbから地球に移動するのには、光でさえ4年間かかることを意味する。したがって、それは、その星から発されたある信号が地球に到達するのにかかる最短時間でもある。

仮に、目的地に到達した宇宙飛行士が、SNSでライブレポートを始めたとしよう。もちろん彼だって、友だちには自分の良いところを見せたいだろう。そして、自分の様子を伝えるライブ放送を開始する。しかし、彼が送信した情報は、ライブ放送を開始してから4年経過して、私たちに届く。そこからのレポートはすべて、4年遅れる。

「今、プロキシマ・ケンタウリbの住民が、私に近づいているのを見ることができます」と、この星の現地人の一人をカメラに捉えて、宇宙飛行士が私たちに話したとする。しかし、彼の「今」が持つ意味は、私たちの「今」とは非常に異なっている。

地球に届いたそのレポートを見る私たちの「今」は、その星での4年前を指す。過去と未来を隔てる現在という意味での、普遍的な「今」はない。現在プロキシマ・ケンタウリbで何が起こっているのか、私たちにはまったくわからない。レポートにあった現地人が宇宙飛

地球から約4光年離れた場所にある
プロキシマ・ケンタウリb

行士にコーヒーをくれるほど友好的なのか、それとも地球出身の宇宙飛行士を現地人の宇宙船の燃料に変えてしまうほどに非友好的なのかは、今の私たちにはわからない。それは、4年後になってみなければわからないだろう。

そして同様に、あなたがこの本を日光の下で読んでいる今ですら、太陽がこの瞬間に光を放っているかどうかはわからないのだ。太陽の光が実際に消えたとしても、私たちは8分後にしか気づかない。この8分は、太陽の光が地球に到達するのにかかる時間である。

「今」とは、物理的に観察できるものではない。なぜなら、プロキシマ・ケンタウリbの場合、時間を計るために4年かかるからだ。プロキシマ・ケンタウリbですでに起こった一連の出来事、地球にいる私たちにとっては間違いなく過去に属する4年以上前の出来事がある。そして、プロキシマ・ケンタウリbで起こる他の出来事は、地球にいる私たちの未来に属する、つまり、少なくとも4年後に起こる。要するに、地球にいる私たちの過去にも未来にも属さない8年のはっきりしない期間がある。プロキシマ・ケンタウリbで起こる8年間の出来事のうち、私たちはその半分が起こったことを知らず、残りの半分には影響を与えることができない。

例えば、地球にあるスーパーコンピューターが6年以内にプロキシマ・ケンタウリbに雨が降ると予測した場合、プロキシマ・ケンタウリbにいる宇宙飛行士に地球からメッセージを送信して未来に影響を与えることができる。この場合、宇宙飛行士は傘を忘れず雨に濡れなくて済むだろう。しかし、もし地球のコンピューターがプロキシマ・ケンタウリbで3年以内に雨が降ると予想した場合では、プロキシマ・ケンタウリbにいる宇宙飛行士に知らせるために地球の私たちができることは何もない。

過去とは、観測者に光の信号を発信して影響を与えることができる事象全体である。一方で、未来とは、観測者が光の信号を送信し、原則として観測者自身が影響を与えることができる事象全体である。そして時空には、私たちがいる場所から今私たちが影響を与えることができない一連のこれから起きる新しい事象があり、これらの事象はまた、私たちの今、私たちのいる場所に影響を与えることができない。なぜなら、光より速く移動できるものはないからだ。この新しい一連の事象は、過去でも未来でもなく、一種の拡張された現在であり、アインシュタインの相対性理論が導き出したものである。この長く伸ばされた現在の経過時間は、位置によって異なる。太陽であれば16分、プロキシマ・ケンタウリbでは8年である。

アインシュタインの理論以前では時間と空間はまったく別個の実体だと考えられていたが、今はこの二つは結合し、必然的に合わせて考慮されなければならず、それらは、「時間」と「空間」ではなく、「時空」になる。

この新しい考えを受け入れるのは容易ではない。なぜなら、絶対時間の概念は私たちの経験に深く根ざしているからだ。チューリッヒでアインシュタインに教授として教えていた数学者ヘルマン・ミンコフスキーは、次のように述べている。「これからは、空間それ自体とか、時間それ自体というような概念は、影に過ぎないところへ溶け込んで消え去るしかない。そしてある種、この両者が結合したものだけが、独立した実在、つまり時空として存在し続けることになる」

背が高い人ほど早く年をとる？

時間はまた、近くにある物体の質量にも影響される。これは、一般相対性理論によってもたらされた成果であり、特殊相対性理論によって拡張された結論である。

一般相対性理論では、アインシュタインは自身の相対性の原理をニュートンの万有引力の法則と組み合わせている。ニュートンの万有引力の法則は、二つの質量が引力によって互いにどのように相互作用するかを説明する物理学のもう一つの基本法則である。

重力、つまり、惑星の動きを制御するこの遠隔の力によって、時空はさらに豊かになる。時空はもはや空っぽで不動の固定されたものではない。柔軟な実体、重力が網目に沿って作用する一種の網のようなものになる。時空の網は質量のある物体の近くで曲がり、その質量が大きければ大きいほど曲がる。マットレスの真ん中に座っている人が重ければ重いほど、深くへこむのと同じだ。

巨大な物体はこのように空間を湾曲させ、この曲率が他の物体を引きつけるのである。地球は、自転車のトラック競技選手のように、その公転速度のおかげで太陽の周りを回転する。傾斜した自転車トラックをご存じだろうか。オリンピックのときにテレビで見かけたこともあるだろう。選手は自転車のスピードが出ている限りはトラックの高い方にとどまっている。しかし、走るのをやめてしまうと、必然的にトラックの低い方に向かって降りてくる。まるで博物館にあるすり鉢状の形をした容器に投げ込まれたコインのように。

この例のように、もし地球の公転が減速したならば、必然的に太陽の方へ引かれ、ぶつかって崩壊してしまうだろう。ちなみに、一般相対性理論では、ブラックホールを以下のように理解している。周囲のすべてのものを引きつける非常に「巨大な」ものであり、そこからは光さえ脱出することができない、と。

一般相対性理論の貢献は、私たちの時間の概念をさらに修正したことだ。時間は、運動だけでなく、重力（質量の存在）によっても変化が加えられる。特殊相対性理論の後、時間は、少しは残っていた「絶対性」をさらに失う。現在という時間は、近くに存在する質量に応じて、異なる速度で流れるのである。

時間は質量の近くでよりゆっくりと経過する。そのため地球上では、地面に近い場所よりも地面から離れている高い場所の方が、時間は速く経過する。つまり、背の高い人は早く年をとる、ということである。実際には、人間の身長の差程度の規模では、時間経過の違いはごく小さいが、この章の冒頭で説明したハフェルとキーティングの実験のように、時間と質量の関係性は測定可能である。２０１８年には、イタリア国立計量研究所の研究者によって、輸送可能な原子時計がフレジュス山（高度２９３６メートル）の研究所に持ち込まれて行われた実験で、標高が１０００メートル以下のトリノにある研究所本部よりも、時間の流れが速いことが確認された。

一般相対性理論の実証実験の中でも非常に印象的なものの一つは、最近行われた重力波の測定だ。重力波とは、二つのブラックホール間の衝突などの宇宙規模の質量分布の変化によって生じる、非常にかすかな時空の波紋である。それは、まるで海の波のように伝播（でんぱ）する。

そして、相対性理論が予言した時間の遅れという経過時間の修正によって、さらに実用的な効果が生まれた。

私たちのポケットに入っているものもそうだ。例えば、今ではすべての携帯電話にＧＰＳ（全地球測位システム）が組み込まれている。もしもＧＰＳが相対性理論による経過時間の修正を考慮しなかったら、何キロメートルものズレが生じ、位置の計算を正確に行うことはできないだろう。

地球の公転と自転を考慮しない場合、ＧＰＳ衛星は、地上から約2万キロメートル離れた上空を周回しており、地球の周りを地球に対して時速約1万４０００キロメートルの速度で移動する。これで計算すると、特殊相対性理論の効果だけで、ＧＰＳ衛星の時計は、１日約7マイクロ秒遅くなることがわかる。

確かに、数百万分の1秒というレベルではある。しかし、衛星から受信機に送信される電磁波は、1ナノ秒で約30センチ移動する。もしＧＰＳ時計が数百万分の1秒のズレを考慮しなかったら、7マイクロ秒は2キロメートルという違いに相当するのだ。また重力の影響も考慮に入れ、受信機と衛星の間に2万キロメートルの距離があった場合、測位は18キロメートルも違ってしまう。要するに、もしアインシュタインがいなかったとしたら、丘の間でひっそりと運営されている素晴らしい農場を、私たちは決して見つけることはできなかっただろう。

第3章
キログラム

水瓶から
原爆に至る
「重さ」の悲劇

科学者からの二通の手紙

「親愛なるエドアルド」「我らが総統！」

友人のために手書きされた手紙と、アドルフ・ヒトラー宛てにタイプされた手紙。この二通に、共通点があるとは想像しがたい。しかし、二通の手紙を結びつけるものが、実はたくさんある。

両通とも１９４４年に書かれ、その日付も数週間しか違わない。前者は8月15日、そして後者は10月25日である。さらにこの二通の手紙が物語っているのは、愛する者たち（義父と息子）の運命に対する不安、自身の仕事への情熱、独裁政権の恐ろしさ、ファシズムとナチズムによる抑圧という時代のドラマである。そして何よりも知っておくべきことは、この二通の手紙の筆者である。二人とも世界的に著名な物理学者、エンリコ・フェルミとマックス・プランクであった。

１９４４年の夏は、イタリアの物理学者エンリコ・フェルミにとって大きな変化の時期だった。

先ほどの手紙の消印は米国シカゴを示しているが、このときフェルミはニューメキシコ州のロスアラモスへ移転しようとしていた。彼は、妻ラウラがユダヤ人だったためイタリアの人種法の犠牲者となり、1938年、ノーベル賞受賞を機会にイタリアを去っていた。フェルミは受賞のためにストックホルムへと赴き、そこからコペンハーゲンに立ち寄ってニールス・ボーアを訪問した後、米国に向かう船に乗った。

彼のアメリカ時代は、ニューヨークのコロンビア大学から始まり、後にシカゴ大学へと移った。1942年、そこで、原子核分裂の連鎖反応の制御実験に史上初めて成功した。この実験は、核エネルギーの開発への扉を開いた。

エンリコ・フェルミ
(1901年～1954年)

そして1944年、彼はロバート・オッペンハイマーにロスアラモスに呼ばれ、マンハッタン計画に取り組んだ。ここで製造されたアメリカ初の原子爆弾は、後に、日本の広島と長崎に投下された。

この手紙の受取人は、「パニスペルナ通りの若者たち」と呼ばれた、フェルミ率いるローマの若い物理学者たちのグループの最年少の一人、エドアルド・アマルディだった。当時のローマは、ナチスやファシズムの勢力から解放されたばかりだった。6月4日には、マーク・ウェイン・クラーク将軍に指揮された米軍がローマに入ってきた。

ローマとの通信ルートが再開されたため、フェルミは同僚や友人に宛てて手紙を書いた。「親愛なるエドアルド、私は最近、イタリアから帰ってきたフビーニ君から君の話を聞いた。ローマとの郵便通信が正式に再開されたので、この手紙が君に届くことを願っている」。そのあとに続けて、妻のラウラの父であり、フェルミの義理の父親にあたるアウグスト・カポンについて書いている。「ご想像のとおり、ラウラは父親の知らせに非常に悲しんだ。父親の安否がわからないのは、亡くなったという知らせを受けるよりもはるかに辛い」

アウグスト・カポンはユダヤ人で、イギリス海軍の有名な提督であり、ムッソリーニの友人であった。1938年まで海軍兵器の機密情報管理の責任者を務めた。しかし、このような華麗な経歴ですら、彼を救うことはできなかった。

1943年10月16日、イタリアとドイツの兵士が、ユダヤ人を探して街を掃討した。カポンはその日のことを日記に書いている。「ローマでは信じられないことが起こっている。今朝、ファシストのグループの話では、年齢や性別に関係なくすべてのユダヤ人を連れ去り、その人たちの行方はわからないようだ。一緒にいたドイツ兵たちも同じことを言っていた。

連れ去ったのは確かな事実だが、その人たちをどうしたのかはわからない」

カポンは翌週アウシュビッツで死亡したが、フェルミはそれをまだ知らなかった。この1944年の手紙の中には、彼の故国の物理学の運命への熱意が浮かび上がる。イタリアでの研究が困難に陥り、暗い年月を経てから初めて、フェルミは楽観主義的な思いに触れる。

「君とウィックがすぐに科学研究の再開を計画できることを望んでいるよ。そして君がある程度は将来のことを楽観的に考えていると聞いて、非常にうれしく思う。大西洋のこちら側から状況を判断すると、私は時々、イタリアの再建はおそらく他のヨーロッパ諸国よりも難しくないかもしれないという希望を抱く。もちろん、ファシズムの倒壊は非常に悲惨だったから、後悔の余地もないだろう」

一方、恐ろしい戦争とユダヤ人絶滅政策の根源となったヒトラーに手紙を書いたのは、高名なドイツの物理学者だった。彼こそは、1918年ノーベル賞受賞者であり、量子力学の父の一人であるマックス・プランクである。彼は、息子のエルヴィンへの慈悲を請うために、ヒトラー宛に手紙を書いた。

ヒトラーは、権力の座に就いた直後、1933年にすでにプランクに直接会っていた。当時、75歳のプランクは、おそらくドイツで最も権威のある科学者だった。そして、ドイツの研究を導く科学振興のための組織、有名なカイザー・ヴィルヘルム学術振興協会の会長でもあった。

こうした立場もあった彼は、数ヶ月前に首相に就任したヒトラーに、通例の会合を申し出た。目的は顔合わせだった。プランクは、狂ったナチスの政策に賛成することはなかったが、自国に忠誠を誓っており、他の同僚とは違い、ドイツを離れることは決してなく、ヒトラー総統にユダヤ人科学者に対する寛大

マックス・プランク
（1858年～1947年）

な対応を求める機会を得た。

プランクがヒトラーとの会合を申し出たときにはすでに、ユダヤ人科学者たちは、施行後まだ間もない人種法による影響に苦しみ始めており、たった数ヶ月の間に職を失っていた。その中には、1918年にノーベル化学賞を受賞したフリッツ・ハーバーもいた。彼は、プランクの友人でもあった。そして、第一次世界大戦時の化学兵器の発明者としてハーバーは「著名」な科学者だった。

一方でプランクは、信念からか、勇気がなかったからか、あるいは現実主義からか理由はわからないが、自分が人種法に反対であることはヒトラーに表明しなかった。ただ、もしも

その日反対と表明していたら、プランクはもう家には帰れなくなっていただろう。

彼は現実的なやり方でヒトラーを説得しようとした。多くのユダヤ人の専門的知識と技能を失(な)くすならば、それはドイツにとって自滅行為になる、と。ハーバーの愛国的な（かつ非道な）化学兵器の開発という科学的貢献がなければ、ドイツはおそらく第一次世界大戦の早い段階で敗北したであろうこと。そして、著名なドイツの科学者の多くはユダヤ人であること。このようにプランクは主張した。

けれども、ヒトラーは物事の道理に従おうとはしなかった。「私はユダヤ人自身に対して何も文句はない。だが、ユダヤ人は皆(みな)共産主義者であり、共産主義者は私の敵だ。私が戦っている相手は共産主義者だ」と答えた。そして、プランクを嘲笑し、「これから数年の間は、科学から離れてもらうことになるだろう」と言った。

ナチズム、ファシズムから逃れて、アメリカで原子爆弾開発に貢献した物理学者たちの数とその質を考えると、確かに大きい犠牲だった。二人の会話はすぐに、ヒトラーの独白の場となった。その後、ヒトラーはますます興奮し、激高した。一方で、プランクは沈黙するしかなかった。

プランクからヒトラー総統への二度目の連絡は、書面、つまり前述の1944年の手紙によるものだった。このときすでに、前回の面会から11年が経過していた。この時点では、ヒトラーは世界を戦争に引きずり込んでおり、戦況は今やナチスドイツに不利になっていた。高齢になったプランクも、人生の試練にさらされていた。

そもそもプランクの科学的成功には、常に家族の危機が伴っていた。プランクには息子二人と娘二人がいたが、1909年に妻を失くし、長男カールが第一次世界大戦中にヴェルダンの戦いで命を落とし、双子の娘グレーテとエマは、1917年から1919年の間に二人とも出産後すぐに亡くなった。

そして次男のエルヴィンは、1914年に捕虜にはなったものの、その後、家に戻ってくることができた。第一次世界大戦後、エルヴィンは政府の役職に就き、最終的にはフォン・パーペン首相とフォン・シュライヒャー首相の下で副大臣にまでなった。

フォン・シュライヒャーが1933年に辞任し、ヒトラーが権力を握った後、エルヴィンは公職を離れてビジネスに専念した。しかし、政治への強い関心を持ち続け、ヒトラーに批判的な姿勢を徐々に強めていった。

1943年の終わりごろになると、エルヴィンは、ヒトラーを排除し、連合国との和平を交渉するためのクーデターに加わった。これが、ヴァルキューレ作戦である。作戦の首謀者は、ドイツ国防軍のクラウス・フォン・シュタウフェンベルク大佐であった。ラステンブルクにあるヴォルフスシャンツェとして知られる本部内で、ヒトラー総統を爆弾によって殺害する計画だった。

1944年7月20日、シュタウフェンベルク大佐は、ヒトラーと参謀たちが会議中の部屋に入り、ブリーフケースに入った爆弾を気づかれないようにヒトラーのすぐ近くのテーブルの下に置いた。ところが、爆弾の二つの引き金のうち一つだけが作動し、また、近くに座っていた将校が爆発の直前に誤ってブリーフケースを足で動かした、という一連の偶発の出来事によって、爆弾は爆発して大きな被害を出したにもかかわらず、ヒトラーはわずかに負傷しただけだった。

その後瞬く間に、首謀者とその他数千人が逮捕された。プランクの次男エルヴィンもそのうちの一人だった。ゲシュタポに捕らえられたエルヴィンは、すぐさま死刑宣告を受けた。80歳を超える高齢のプランクは、ヒトラーの知人であることや偉大な科学者としての名声を頼りにして、必死に息子を絞首台から救い出そうとした。

そこで、10月25日、プランクはヒトラーに次のように書いた。

「我らが総統！

息子のエルヴィンが人民法院から死刑判決を受けたという一報に、私の心は震撼(しんかん)しました。故国に奉仕してきたこれまでの私の功績を、私の総統であるあなたが認めて下さっていて、光栄なことに、今まで繰り返しそのことを表して下さったあなたならば、87歳の私の嘆願に注意を傾けて下さると確信しております。

ドイツの永遠の知的財産となった私の人生の仕事に対する、ドイツの人々の感謝の印として、私は私の息子の命をあなたに懇願申し上げます。

マックス・プランク」

ここでも、フェルミの手紙のように、物理学への情熱が浮かび上がる。そして、プランクは自身の貢献を誇らしげに訴えている。これからますますドイツだけでなく世界人類の財産になるだろう、と。最後の瞬間まで自国に忠実であり続けたノーベル賞受賞者プランクは、慈悲を懇願した。必死の行動である。

そして、プランク自身が書いているように、11年前の対面でヒトラーが当時ユダヤ人科学者たちに情けをかけなかったのと同じように、今回も彼の家族にも情けをかけないであろうことを、おそらく知っていた。

では、科学は、妄想的なナチスプロジェクトに、少しでも歯止めをかけられたのだろうか。その後、エルヴィンは1945年1月23日に絞首刑にされた。彼の死から4日後、ソ連の赤軍がアウシュビッツ強制収容所を解放し、世界はホロコーストの恐怖を知ることになった。

水温4℃の正方形で定義されたキログラム

「また天国は、ある人が旅に出るとき、その僕どもを呼んで、自分の財産を預けるようなものである。すなわち、それぞれの能力に応じて、ある者には五タラント［タレント］、ある者には二タラント、ある者には一タラントを与えて、旅に出た。五タラントを渡された者は、すぐに行って、それで商売をして、ほかに五タラントをもうけた。二タラントの者も同様にして、ほかに二タラントをもうけた。しかし、一タラントを渡された者は、行って地を掘り、主人の金を隠しておいた。だいぶ時がたってから、これらの僕の主人が帰ってきて、彼らと計算をしはじめた」（日本聖書協会、『聖書［口語］』、１９５５年、マタイによる福音書／25章14〜19節、41頁〜42頁）

このマタイの福音書から引用された「タラント」、つまり「タレント」のたとえ話は、おそらく新約聖書の中で最もよく知られている箇所の一つである。主人からその僕に託されたタレントは、神から人に与えられた賜物を表している。それを実らせる者は誰でも報われる。聖書のこの一節に続き、今日、私たちは通常「タレント（talent）」という名詞を、その比喩的な意味である「才能」と関連づける。

しかし、伝道者マタイによって説明されたタレントは、実体的なものだったというのは興味深い。

タレントは、実際に古代メソポタミアにすでに存在していた重量の測定単位である。古代ギリシャでは、1タレントは26キログラムであり、特定の水瓶を満たすのに必要な水の重量に相当した。また、貴金属の重量もタレントで測定されていた。上述のたとえ話のタレントはおそらく銀でできていた。これは、古代ギリシャでは、軍船の乗組員約200人全員の月給を支払うのに十分な額であると言われている。

文明の黎明期から人類は、長さや時間だけでなく、物体の重さも量ってきた。ここでは正確に言うと、重量ではなく質量について話す必要がある。この「質量」が、国際システムの基本的な物理量の一つだからである。

一般的に、「重量」と「質量」という二つの用語はよく混同されるが、それは私たちが住んでいる地球の表面に働く引力（重力）のために、質量が共通の尺度として測定されるからである。そして引力とは、地球上のすべての物体に働き、それらをしっかりと地球に固定し続けるものである。この章の後半でも詳しく見るが、ニュートンが理解したように、地球の表面上の物体にかかる重力は、その質量に正比例する。

計量は比較的容易である。特に、法廷に置かれている像、正義の女神テーミスが持っているような二枚皿の天秤や、１９５１年からイタリア国営造幣局によって鋳造されていた1リラ硬貨の表側に描かれた天秤、あるいは、八百屋が使っていた秤（はかり）などのように、比較して量るのは簡単である。

古代エジプトの『死者の書』にて
死者の心臓と羽を天秤で測るアヌビス神

これらはどの場合でも、通常は1キログラムまたはその約数となるようなサンプルの質量と、計量対象の質量が比較されることになる。

長さや時間の測定と同様に、質量測定の体系化を促したのは、主に、日常生活での必要性に迫られてだった。その中でも特に、商業における必要性が大きかった。

古代の考古学的遺物の中からも、秤の使用に関するものが見つかっている。例えば、現在のパキスタンにあるインダス渓谷の遺跡からは、紀元前２４００年から紀元前１７００年の間にさかのぼるような遺物が発見されている。これは、エジプトの遺物（紀元前１８７８年〜紀元前１８４２年頃）とほぼ同時代のものである。しかし、ナイル川に沿って発展したエジプト文明の貿易の広がりを考えると、重りの使用はそれよりもはるかに古い時代から始まっていた可能性が非常に高い。

また、当時のエジプトの秤には、比喩的な意味もあったことを忘れてはいけない。イヌ科の動物の頭で表され、墓と死者を守るとされたアヌビス神は、二枚の皿の天秤ばかりで、死者の心臓の重さを一枚の羽と比較して量ったと言われる。

通常、遺物として考古学で発見されるのは、サンプルの重り（計量される物質の質量とバランスを取るために使われた滑らかな石）、または秤の腕部分である。

古代ローマの質量の主な計量単位はイタリア語で「リッブラ（*libbra*）」だった。これはラテン語の秤という意味の「リブラ（*libra*）」にちなんで名付けられた。

古代の計量単位の多くは、小麦またはイナゴマメの種子に由来する。このイナゴマメから派生して、カラットという単位も生まれた。カラットは、宝石の重さを量るために、1カラットは200ミリグラムとして今でも使われている。歴史的には、ジェノバとベネチアの市場では、カラットは絶対的な重量を指す単位ではなく、ガレー船の積荷を、積荷の重さがどれほどであるかにかかわらず、24等分に分けたときの一つ分を指す単位として使われていた。

また、13世紀にイングランド王国で広く使われた『重量と測定に関する合意（*Tractatus*

de Ponderibus et Mensuris)』には、例えば次のように書かれている。「王国全体の合意により、測定基準が確立された。その結果、スターリングと呼ばれるイングランドのペニーは、丸く、傷や不要に手を加えた跡のない状態で、穂の真ん中にある乾燥小麦32粒の重さであり、20ペニーで1オンスとなる。そして12オンスで1ポンドとなる」

アレッサンドロ・マルツォ・マーニョが著書『お金の発明（*L'invenzione dei soldi)*』で指摘したように、重量測定と商業の関係は、例えば、リラ、ポンド、ペセタ、マルクのように、貨幣の名前のほとんどが、重さの単位から派生したという事実によっても証明されている。

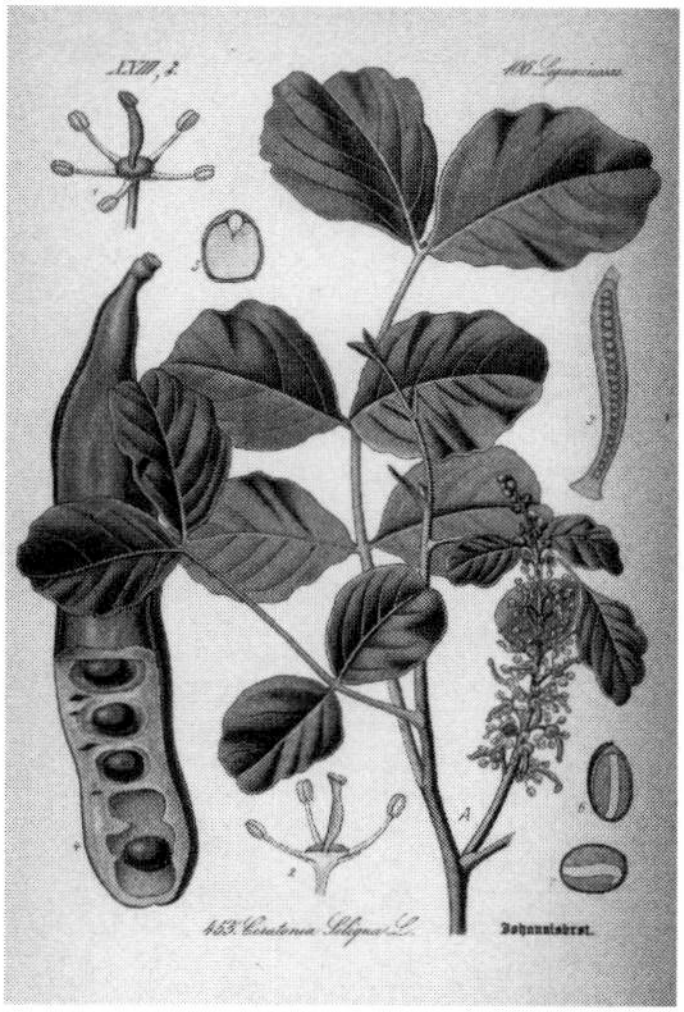

したがって、商業のグローバル化が進み、18世紀に啓蒙（けいもう）精神がヨーロッパに浸透したため、長さの測定単位で起こったように、質量の単位でも、普遍的なシステムの定義が強く推進されたことは驚くことではない。

1752年にフィレンツェで生まれ、多分野にわたる科学研究をしていたジョバンニ・ファブローニは、そうした啓蒙の精神という文化を解釈するのに優れていた。ファブローニは、化学者、自然主

イナゴマメ

義者、農学者、経済学者であり、フィレンツェ王立物理自然史博物館の館長とトスカーナ造幣局の局長も務めていた。このように多くのことに精通していた彼は、数年後にはアメリカ合衆国の第3代大統領になるトーマス・ジェファーソンの目にも止まった。すでに当時、アメリカ人はイタリア文化を高く評価し、その著名な人材を獲得したいと強く願っていたが、ファブローニはジェファーソンのアメリカへの招待を丁重に断った。これは、今で言うところの「頭脳の流出」になりかねない事態だった。

彼はイタリアに留まり、フランスの科学者ルイ・ルフェーヴル・ジノーとともに、キログラムの定義において重要な役割を果たした。この二人のおかげで、1799年、革命期のフランスは、水温4℃のときの1立方デシメートルの水の重量をキログラムと設定することを決めた。

この水温4℃というのは非常に重要であった。その数年前には、0℃のときに1立方デシメートルの水の重さを量り、それを基準としていた。ファブローニとルフェーヴル・ジノーは、密度が最大となる4℃の水を使うと、はるかに安定したキログラムの定義が可能になることを理解していたのだ。

ちなみに、水の性質は独特である。一般的によく知られている、生態系にとって重要なほかの物質とは異なる性質がある。それは、水域は冬に表面から凍結するが、深層部では凍結しないという点である。そのため、深層部は液体状態のままであり、水生生物の生命の維持を保証する。

こうして、ファブローニとルフェーヴル・ジノーの定義に従って、アルシーヴ原器として知られるキログラム原器が１７９９年につくられ、パリの国立公文書館に保管された。水温４℃のときの1立方デシメートルの水と同じ質量の白金製のシリンダーである。

１８７５年のメートル条約は、キログラムの定義を実質的に確認し、それを新しい人工物である国際キログラム原器（ＩＰＫ）として具体化した。これは、白金90％とイリジウム10％で構成されたシリンダーで、それ以来、国際度量衡局で保管されていた。この原器の複製が多数つくられ、そのうちの六つは国際度量衡局で管理、残りは条約を批准した国に配布された。イタリアには、１８８９年にコピー番号の5番が届き、その後62番と76番が届いた。

しかしメートルの場合と同様に、キログラムであっても、原器を物質に依存すると、どんなに丁寧に仕上げられていても、汚れたり腐食したりして時間の経過とともに劣化するリスクがある。

二重に保護されたキログラム原器

１７９９年から２０１４年までの一連の計測を通じて、国際キログラム原器の六つのサンプルと一部の国内サンプルが、基準シリンダーと比較して重量が増加したことが確認された。その増加は、１００年間で平均50マイクログラム。この変化は、普遍的な原器に必要な高い精度を損なうのに十分であり、現代の科学技術の精度に対する要求が厳しくなるほど、深刻な問題なのだ。

第一次世界大戦下で行われた相対性理論の証明

アーサー・エディントンは、19世紀から20世紀にかけて活躍した偉大な英国の科学者である。天文学者であり物理学者であり、星の性質に関する基礎研究を専門にしていた。核融合は恒星系力学の基本プロセスであると最初に仮説を立てたのは、彼だった。エディントンはまた、アインシュタインを非常に尊敬し、第一次世界大戦中やその直後に、アングロサクソン世界に一般相対性理論を公表することによって、ドイツ語を話す科学者たちがひどく孤立しているのを打破しようとした。

しかし、それだけにとどまらず、彼は太陽の質量を使って、この理論を初めて実験的に証明した人でもあった。太陽は、地球からは小さな円盤のように見えるが、日没時に地平線上の低い位置に来ると少し大きく見える。実際にはかなり巨大な物体である。その質量は、キログラムで31桁の数字で表され、地球の約33万倍の大きさである。エディントンは、この太陽の質量から一般相対性理論を実証しようとした。

一般相対性理論は、革命的で数学的に複雑であり、誰もがすぐに受け入れたわけではない。アインシュタイン自身も、実験的な証明が必要であることを認識しており、太陽の質量によって引き起こされる、また彼の理論によって予測された、星々からの光の偏差の実験的測定から重要な検証が得られる可能性があることを示唆した。

アーサー・エディントン
(1882年〜1944年)

しかし、太陽は非常に明るいため直接の観測は不可能で、もちろんその光を消すことはできなかった。ここで直感的な推測から、皆既日食の間に限っては、太陽の近くの星々を写真に撮ることができ、太陽自体から遠くで観察されたときと比べて、星々の見える位置に変化があったかどうかを検証することができる、と考えられた。

最初にこの挑戦に臨んだのは、熱意に満ちたベルリンの天文学者であるエルヴィン・フロイントリッヒだった。フロイントリッヒは、1913年の夏にスイスアルプスに新婚旅行に行き、チューリッヒでアインシュタインに会って実験について話し合った。フロイントリッヒ夫人となる花嫁の反応についての直接的な証言はないが、話し合いが行われたというのは事実である。

1914年8月21日に予測されていた皆既日食に合わせて、フロイントリッヒはクリミアへの遠征プロジェクトを立ち上げた。しかし、運が悪かった。彼がクリミアに到着したちょうどそのとき、ヨーロッパで第一次世界大戦が始まったのである。

8月1日、ドイツはロシアに宣戦布告した。ロシア領土に入ったフロイントリッヒを足止めしたロシア人たちは、この敵国の科学者が双眼鏡と望遠鏡を身につけているのは星の光の偏向を測定するためだとは全く信じなかった。彼は拘束され、観測のための機材は没収された。彼は約1ヶ月後の捕虜交換で釈放されたが、観測の機会は失われた。

その後、エディントンがその現象の観測を買って出て、1919年5月29日の皆既日食を利用することを提案した。時代を考えると、それは些細な出来事ではなかった。

イギリスとドイツは血生臭い戦いをしている最中で、イギリス人にとって、ドイツの科学者によって生み出された理論の妥当性を証明するために遠征をすることは、決して容易なことではなかった。

しかし、エディントンはそれを決行し、後に次のように記した。「『敵』理論の検証の主人公になることによって、我々の国立天文台は最も高貴な科学的伝統を永続させた。そして、この教訓はおそらく今日の世界でもまだ必要である」

日食を観察するために、彼の観測隊は二手に分かれた。エディントンのグループは、アフリカ海岸の西にあるプリンシペ島に行った。もう一つのグループはブラジルのソブラルに行った。その日、プリンシペ島の空は曇っており、悪天候のために何ヶ月も前からの準備が無駄になるかもしれなかった。

しかし、フロイントリッヒと違って、エディントンは幸運だった。日食のすぐ後ろで雲の幕が開いた。そして、ヒアデス星団のいくつかの星を撮影することができた。こうして測定値が分析されたとき、一般相対性理論が検証されたのだ。

１９１９年11月6日、検証結果が王立天文学会に報告された。それまでは物理学の分野だけに限定されていたこのニュースは、世界の端から端まで響き渡った。

アインシュタインの名声は世界中に及んだ。英国のタイムズ紙は「科学の革命　ニュートンの考えが覆された」という見出しをつけた。これよりもう少しセンセーショナルなのはニューヨーク・タイムズ紙の見出しで、「光はすべて曲がって宇宙に漂っている。アインシュタインの理論は勝利を収めた」というものだった。ニューヨーク・タイムズ紙を少し正当化すると、ロンドンに科学専門の特派員がおらず、ゴルフを扱う特派員に記事を任せたらしい……。

相対性理論を理解した者

エディントンは確かに能力と運に恵まれていた。それはただ謙虚だったからではない、少なくともある逸話を信じるなら。ある日、「一般相対性理論を理解しているのは、世界で三人しかおらず、その一人がエディントンである」という褒め言葉を受けて、エディントンがしばらく沈黙した後、外面的な謙虚さを超えて本音が出た。彼はその褒め言葉に対して一旦「いや」と答えたが、続けて「三人目は誰か知りたい」と言ったという。まるで、アインシュタイン本人とエディントン以外、誰も理解していないはずだとでも言わんばかりに。謙虚にしていられなかったのだろう。

相対性理論を理解している人の数をめぐって、冷やかし半分の議論が展開され、有名なオンラインQ&Aサイト（quora.com）でさえ、このテーマに関する質問と回答のやりとりを公開している。

ノーベル賞を受賞したリチャード・ファインマンも、科学を広く普及させるのに長けているその気品で、1965年に著書『物理法則はいかにして発見されたか（*The Character of Physical Law*）』に次のように書いて、この討論に貢献した。「確かに12人以上が何らかの形で相対性理論を理解した。しかし、量子力学を理解した人はまだ誰もいないと確信を持って言えると思う」

ファインマンが現代物理学に革命をもたらした二つの理論を比較するのは偶然ではない。これらの理論は、ほぼ同じ年代に生まれ、私たちが日常の経験で慣れ親しんでいる重さの規模とはかけ離れた、ごく軽い物体またはごく重い物体を使って、実証されたのだ。

太陽の巨大な質量のおかげで相対性理論が証明された一方で、量子物理学への道を開いたのは、微視的世界と原子などの素粒子の実験的研究だった。

例えば、水素原子の質量は、10億分の1キログラムの10億分の1の10億分の1である。もし、太陽を仮想の天秤の一つの皿に置くとすれば、もう一つの皿には、57個のゼロが並ぶ数の水素原子を置いてようやくつり合う。キログラムの微小な分数または法外な倍数は、自然の新しい解釈への扉を開いたが、これは、客観的に言って、完全に理解するのは容易ではない。

ファインマンの発言は誇張のように見えるが、もっと深く読めば、それは今日でも真実である。

まず第一に、量子力学の創始者は一人もいない。もしいたとしたら、少なくともその人は量子力学すべてを理解しているはずだ……。アメリカの物理学者であるデイヴィッド・グリフィスが、1995年に優れた専門書『量子力学入門（*Introduction to Quantum Mechanics*）』で書いたように、「ニュートンの力学、マクスウェルの電気力学、アインシュタインの相対性理論とは異なり、量子力学は、誰もまだ、決定的な形で構築したり体系化したりしておらず、今日でもまだ、刺激的でありながらトラウマ的なその若さの傷跡をいくつか残している」

そして、量子力学が非常にうまく機能するならば、それが機能する理由と、より深い解釈はまだ研究対象である。そして、グリフィスは続ける。「その基本原則が何であるか、それがどのように教えられるべきか、またはその実際の『意味』が何であるかについての一般的なコンセンサスはない。有能な物理学者なら誰でも量子力学を『行う』ことができるが、私たちが行っていることについて私たちが語る物語は、シェヘラザードのおとぎ話［『千夜一夜物語』］と同じくらい多様で、ほとんど信じられないほどである」

言い換えれば、量子力学が表しているのは、物理システムをうまく説明する多くのことであるが、何を意味しているのかはまだわからない。

今日、量子力学をどう解釈するかに関する理論が数多く存在する。これらの理論は互いに対向しており、ときに哲学的になるほどだ。このような越境した議論は一般の人々の関心を引くが、科学の実質的な分野には触れてはいない。これにより、はるかに滑りやすい地盤で議論し、理論があまり誠実ではないイメージを与える危険もはらんでいる。

一方、予測、再現可能な結果、および物理システムの記述に関する量子力学理論は、非常に確固たるものになっている。このような量子力学理論を生み出したもの、まさにマックス・プランクが生み出したものから見ていこう。

電磁気学が自然哲学の常識を塗り替えた

素粒子のように日常の経験から明らかに遠い体系を説明する量子力学理論には逆説的に思えるかもしれないが、量子革命は、誰でも見ることができる現象、つまり熱放射の分析から始まった。

加熱された金属片が赤みがかった色から白色の光を発するのを、見たことがあるのではないだろうか。火をかき回すポーカー、浴室のヒーターの抵抗、または古い白熱電球のフィラメントについて考えてみて欲しい。その光は電磁波で構成されており、熱量増加の結果として物体から放出されるため、熱放射と呼ばれる。

私たち自身も、体温が約37℃であるため、適切な装置があれば見ることができる赤外線の電磁波を放出している。サーモグラフィーによる体温の計測は、この原理に基づいている。残念ながら、新型コロナウイルスの世界的流行病により、私たちはこの原理に精通してしまった。

熱放射は、温度の上昇とともに急速に増大する。体温が高くなるほど、熱放射は強くなる。この現象は、ある面積の物体から放射されるエネルギーが温度の4乗に比例する、というシュテファン＝ボルツマンの法則によって説明される。つまり、物体の温度が2倍になると、放出されるエネルギーは16倍にもなる。

熱放射の特性は、それを放出する物体の組成によって異なる。ただし、普遍的な特性を持つ電磁波を放出する物体がある。黒体である。これは名前のとおりの色をしている。黒体は、すべての入射放射線を吸収する物体であり、このため黒く見えるのである。一方、他の色がついている物体は、光の一部を反射するため、特に私たちが観察している色を持つ部分を反射するため、その色が見える。赤いシャツの生地は、赤色を反射し、赤色と無関係でいたいのだ。

電磁気学の出現により、19世紀の終わりにかけて、黒体放射の特性に関する正確な測定が初めて行われ、初期の理論が構築された。１９００年から１９０５年の間に、イギリスの物理学者であるジョン・レイリー卿とジェームズ・ジーンズが、古典物理学の考察を適用することにより、実験観察の分析に挑戦した。

彼らは非常に厳密に分析したが、実験的事実を説明することはできなかった。後から考えると、理由は単純である。古典物理学の中では、彼らは間違いは犯さない。問題は、この分野では、古典物理学がもはや有効ではないということだったのだ。

１９００年にそれを把握し、量子力学の最初の種を蒔いたのが、天才マックス・プランクだった。プランクはレイリー＝ジーンズの法則に従うが、革命的な仮説を提唱した。それによると、電磁波のエネルギーは連続的に変化することはできないが、代わりに基本量子の整数の倍数である値の総数のみを取る。

それを示したのが、上にある（式４）の方

$$E = hf$$

（式４）
プランクの方程式

程式である。

ここで、Eはエネルギー、fは波の振動数、hは普遍的な定数である。これは、プランクに敬意を表して、後にプランク定数と呼ばれる。そして、これから見ていくように、キログラムの最新の定義の基礎となった。

古典物理学では、光とは、振幅が連続的に変化する可能性があるため、任意の値を取り得る電磁波である。しかし、プランクの法則では、光は粒子に似て分離した個別の束に吸収および放出されるのである。

それはスーパーマーケットで牛乳を買うようなものだ。牛乳はパックで1本、2本、3本と買うことができる。とにかく常に整数として扱うことができる。しかし、27・0895リットルという量の牛乳をレジに持っていくのは難しい。

この法則により、プランクが初めて導入したのは、物理現象の記述に不可欠なエネルギー量子化の概念である。

微視的レベルでは自然は不連続であり、科学が注目し始めたのがそこである。「自然は飛躍しない（*Natura non facit saltus*）」というラテン語の自然哲学の原則が依然として支配している科学的思考にとって、それは大きなパラダイムシフトであった。ここから、量子力学の時代が到来したのである。

アインシュタインのもう一つの功績

ストックホルムのスウェーデン王立科学アカデミーは厳しい。基準に達すると思われる候補者を見つけられなかった場合、ノーベル賞の授賞式典を延期することを厭わない。

まさに1921年にそういうことが起こった。ノーベル物理学賞の選考委員会は、どの候補者も受賞するのに十分ではないと判断した。ちなみに、「落選した」著名な候補者のリストは現在公開されている。候補者の申請記録は、受賞しなかった人も含めて、実に50年後に公開されるからだ。敏感な人には次のことを知っていて欲しい。ノーベル賞の候補者であることには、何らかの危険があるかもしれない、と。

ある年に授与されない場合、規則では、委員会が次の年のためにその賞を取っておくことを規定してある。そして、翌年には二つの賞を授与できる。実際、1922年に授与された賞が二つであったことを考えると、スウェーデン王立科学アカデミーには候補者不足という問題はなかったのだ。

1921年のノーベル物理学賞はアルベルト・アインシュタインに、1922年のノーベル物理学賞は、現代原子理論の父であり、量子力学の創始者の一人であるニールス・ボーアに授与された。

1922年12月10日の授賞式で、スウェーデン国王に二人の受賞者を紹介した人物は、自身も1903年にノーベル化学賞を受賞し、その後、選考委員会の物理部門の会長だった、スヴァンテ・アレニウスだった。彼の姿は、

スヴァンテ・アレニウス
（1859年～1927年）

偶然にも、ノーベル賞受賞者でさえ間違うことがあるのを思い出させてくれる。

アレニウスは、19世紀の終わりごろ、地球の気候に対する二酸化炭素の影響を最初に研究した一人であり、1896年の有名な論文では、大気中の二酸化炭素濃度と気温の直接的な相関関係を示唆した。彼は非常に詳細な計算を示し、二酸化炭素濃度が半分になると、ヨーロッパの平均気温が約5℃低下し、新しい氷河期に戻る可能性があると仮定した。しかし、産業革命が到来し、燃料としての石炭の使用が急増し、それに伴って二酸化炭素濃度が上昇したのを見ると、氷河期に戻るという危険の可能性は低いと考えた。

実際、アレニウスは1908年の著書『宇宙発展論（*Das Werden der Welten*）』で、貴重

な自然保護地域を燃焼させること全体の肯定的な側面を強調した。「地球に蓄えられた石炭が、将来を考えない現在の若い世代によって浪費されているという不満をよく耳にする（中略）。ここでは、他の場合と同様に、悪いこともあれば良いこともあることを考えると、少し気持ちが慰められる。大気中の炭酸ガス（CO_2）の割合の増加の影響により、特に地球の寒冷地域にとって、より均等でより良い気候の時代が来ることが期待できる。人類の急速な繁殖のために、地球が現在よりもはるかに豊富な作物を生産する時代である」

残念ながら、アレニウスが予見していなかった別の否定的な影響は数多いのだが……。

12月10日の授賞式の話に戻ろう。アレニウスは、「アルベルト・アインシュタインの名前ほど、生存中にこれほど広く知られるようになった物理学者の名前はおそらくないでしょう」と切り出し、後に次のように続けて、アインシュタインの紹介をした。「（アインシュタインについての）議論のほとんどは、彼の相対性理論に集中しています」

しかし、それからアレニウスはテーマを替えて、別のことについて話した。なぜなら、奇妙に思われるかもしれないが、アインシュタインが1921年のノーベル賞を受賞したのは、相対性理論ではなく、間違いなく一般大衆にはあまり知られていない別の発見によるものだったからだ。それは、光電効果の理論的説明という、量子力学の歴史のもう一つの指標となったものだったのである。

熱放射と同様に、この光電効果を説明するためにも、日常の経験が理解の助けになる。量子力学は、例えば、エレベーターの中でも、予想外の場所でも見つかることがある。

光電効果は、エレベーターの扉と扉の間に何かがあるときは閉まらないようにするフォトセルなどに一般的に使用されている。これは、金属表面に紫外線があたって電子を放出するときに発生する。電子は金属から分離し、計測されて、この例では扉が閉まらないようにする電気信号を出す。

電子が放出されるためには、光は紫外線でなければならない。可視光線または赤外光では、光電効果は発生しない。これは、古典的な光の波動説では説明できないことである。

この「行き詰まり」を解消するため、1905年にアインシュタインも古典物理学を踏襲し続けることを放棄し、電磁界のエネルギーは量子化されると仮定した。

さらに、彼は「光量子」の概念を導入した。「(光線の)エネルギーは、特定の決まった空間点に配置された有限数のエネルギー量子で構成されている。それらは断片化することなく動き、一体として吸収または放出することしかできない」

エネルギーの量子は光子であり、この理論が実験と古典派理論の間の矛盾を解決する。アインシュタインは、黒体の熱放射に対してプランクが見つけたのと同じエネルギーであるエネルギーhfを光子に関連づけた。

この直感的な思考で、アインシュタインは光電効果を完全に説明する理論を定式化したのである。これで全体像がようやく完成した。プランクが理解していたように、電磁放射が束として生成されるだけでなく、粒子、つまり光子としても伝播するのだ。

「アインシュタインによるこれらの研究のおかげで」、アレニウスはスピーチの終わりに言った、「量子論は高いレベルに完成され、この分野で膨大な文献が生まれ、この理論の並外れた価値を実証しました」

アレニウスは、ギリギリのところで訂正することができたのだった。

物質が波であり粒子であることを見出したド・ブロイ

おそらく、物理学の歴史の中で、19世紀から20世紀にまたがる数十年間ほど、多くの発見があった時期はないだろう。

何世紀にもわたる知識を危機に陥れた数々の実験、宇宙の記述に革命をもたらした新しい理論。そういったものによって、科学の世界は絶え間なく発酵しており、アイデアが溢れ、フランスの貴族の末裔(まつえい)である若いルイ・ド・ブロイにも間違いなく影響を与えた。

彼は歴史学の学位を取得した後、突然180度方向転換し、科学、特に物理学に専念することを決心した。それは、第一次世界大戦中、彼が潜水艦との無線通信システムの開発に取り組んだときに実践した学問分野である。彼は歴史学では「歴史的名声」を尚早に放棄したが、代わりに「歴史的名声」を彼にもたらしたのは、第一次世界大戦での経験ではなく、1924年にパリ大学に別のテーマで提出された、彼の博士論文だった。

ルイ・ド・ブロイ
(1892年〜1987年)

ド・ブロイは、アインシュタインとアメリカの物理学者アーサー・コンプトンの最新の研究成果に魅了され、光の粒子性と、また光が同時に波であり粒子であるという二重性を証明し、波動と粒子の二重性が物質にも当てはまる可能性があるという仮説を立てた。波の特性を物質のような固体と関連づけることは、当時、文字通り、空想科学小説（SF）的な仮説だった。そして実際、彼の論文は興味を持って受け取られたものの、実践的な重要性はほとんどないと考えられた。しかし、1926年に一連の実験でド・ブロイの理論が検証されるまでに2年もかからなかった。そして、1929年にはノーベル賞を受賞する。

ド・ブロイは、量子力学の枠組みの中で、自然の大きな対称性を理論化した。つまり、宇宙は実際には物質と放射線で構成されており、どちらも波と粒子の両方として動くことができるということである。

物理学はすでに量子力学を定式化する準備ができていた。１９２５年にオーストリアの物理学者エルヴィン・シュレーディンガーは、彼の名前を冠した、量子世界の進化を説明する方程式を定式化した。後述するように、量子力学という微視的な物理現象の世界では、物体の具体性ではなく、確率という不確定性を測定する。シュレーディンガーはこの理論で量子力学の構築に多大な貢献をした。

科学的な未来予測はニュートンから始まった

３５０年前、リンゴが一つ、リンカーンシャー州の庭の木から落ちた。そのリンゴは木の下で瞑想（めいそう）していた有名なイギリスの科学者アイザック・ニュートンの頭の上に落ちて来たと言われるが、それが真実であるかどうかはわからない。ただし、ニュートンが、ガリレオの先行研究を引き継いで、物体の均衡と動きを研究する古典力学の基礎を築き、その理論が、

19世紀の終わりまで、天文学から産業革命の機械までを含む、自然と世界を説明するのに大成功を収めていたことは確かである。

ニュートンの力学により、物体に作用する力がわかれば、物体の動きを判断できる。これはこのページにある（式5）の基本法則によって表される。

$$\boldsymbol{F} = m\boldsymbol{a}$$

（式5）
ニュートンの運動方程式

この式は、物体とそれが置かれている環境との相互作用、または力Fがわかっている場合、加速度aを導き出すことができることを示している。これは本質的に、運動を理解することを意味する。詳細はさておき、この法則の美しさと力強さは、物体の動きが、環境との関係によって、完全かつ一義的に決定されることを主張することにある。

言い換えれば、同じ力は、それが適用される物体の質量に応じて異なる動きを引き起こす。同じ大きさのサッカーボールや石を腕の力で投げることで得られる効果の違いを考えると、私たちはこれを経験によってよく知っている。つまり、質量は、力が働く物体の慣性を表す。質量が大きいほど、与えられた力が物体に与える影響は少なくなる。

ニュートンの法則は、すべての古典力学と同様に決定論的である。特定の瞬間の力と運動の特性が与えられると、絶対的な精度で物体の軌道を予測することができる。そして、この予測能力は、例えば惑星の動きの説明や宇宙旅行などに、見事に機能していることがわかる。

1969年7月、NASAの物理学者たちは、38万4000キロメートルを超える旅を経て、月の正確な地点に人間を連れて行くことに成功した。2021年2月には、その後継の科学者たちが、4億8000万キロメートルの旅を経て、約7ヶ月かけて火星探査車「パーサヴィアランス」を運転し、火星の土壌の正しい場所に正確に着陸（または着水）させた。これらはすべて、宇宙船の軌道を非常に正確に計算することができた力学のおかげである。

アイザック・ニュートン
（1643年～1727年）

古典力学は機能し、未来を予測することができる。が、実はそうではない。

「*ibese redibis non morieris in bello*」というラテン語の意味は、「行きなさい、あなたは帰って来るでしょう、戦争で死ぬことはないでしょう」とも、「行きなさい、あなたは帰らないでしょう、戦争で死ぬでしょう」とも読むことができる。この場合、コンマの位置言した。

は大きな違いを生む！　古代地中海世界の巫女（みこ）シビュラは、このように賢く巧妙に曖昧に予言した。

科学が生まれるずっと前から、未来を予測することは人類の望みだった。予言者や、聖人、シビュラたちには常に聴衆がいた。十分な機知と適切な手段や道具、例えば動物の内臓や、野原の火から出る煙、または水晶玉などがあれば、まだ起こっていないことを予知できるだろうという期待が、常に人間の心の中にあった。だから、この期待が１６８７年に出版されたニュートンの『自然哲学の数学的原理（*Principia*）』によって、どれほどの栄養をつけたかを想像するのは難しいことではない。

ニュートンによって、未来の予測は科学になった。そして、もはや賭（か）けや解釈ではなくなった。彼の運動方程式により、私たちは物体の位置を確実に予測することができるのだ。

これに加えて、19世紀には古典力学と同様に完全に決定論的である電磁気学が発展したことと、すべてのシステムが基本的な構成要素でできているという事実を考え合わせると、十分な計算能力さえあれば、20世紀の夜明けに、未来を予測するという夢が手の届く範囲にあるように思えたはずだ。

しかし、そこには物理学の進歩した知識が考慮されていなかった。古典力学で決定論的に未来を予測できるという夢を刺激したのとまったく同じ分野の新しい知識が、20世紀初めの数十年のうちに、その基盤を崩し始めたのである。

シュレーディンガーは猫だけではない

オーストリアの物理学者であるエルヴィン・シュレーディンガーが１９３５年に発表した思考実験が、猫の生死に結びつけられていて、後に「シュレーディンガーの猫」と呼ばれることになった。そのため、シュレーディンガーは世界中の猫の間で評判が悪かったにもかかわらず、彼の名前を冠した次のページに示した（式6）の方程式で、量子力学の発展になくてはならない貢献をした。

見かけの複雑さに恐れないで欲しい。もちろん、これを完全に理解するのは専門家の仕事だ。しかし、このシュレーディンガー方程式は、先に説明したニュートンの方程式といくつかの点で似ている。この場合もまた、粒

エルヴィン・シュレーディンガー
（1887年〜1961年）

子と外界との相互作用、ここでは位置エネルギーVで表されるものから始まり、将来を予測するために解が計算される。ただし、この場合は、予測の対象は粒子の正確な位置ではなく、特定の場所でそれを見つける確率である。

シュレーディンガー方程式を解くことによって得られる関数ψは、ド・ブロイの仮説と完全に整合的に波を表す。ただし、波動関数ψは、粒子が正確にどこにあるかではなく、確率的にどこでそれを見つけられるかだけを教えてくれる。こうして、古典力学とニュートンの法則の決定論は、量子力学の不確定性によって追いやられるのだ。

$$\frac{ih}{2\pi}\frac{\partial\psi}{\partial t}=-\frac{(h^2/2\pi^2)}{2m}\frac{\partial^2\psi}{\partial x^2}+V\Psi$$

（式6）
シュレーディンガー方程式

これは、古典力学が間違っているという意味ではない。古典力学は特定の領域でのみ機能するということだ。巨視的とは砂の一粒から一つの惑星までを意味するのだが、これまで見てきたように、巨視的スケールでは、古典力学は非常にうまく機能する。

一方、量子効果は、微視的な世界でのみ見ることができる。相対性理論が光の速度に近い高速という条件に物理法則の有効範囲を広げるのと同じように、量子力学は非常に小さい次元の条件、つまり原子および原子よりも小さい亜原子規模に有効性を広げる。

そして、光速という普遍的な物理定数が相対性を特徴づけるように、もう一つの物理定数であるプランク定数が量子効果の特徴である。例えば、シュレーディンガー方程式（式6）でもプランク定数がどのように使われているかわかる。

したがって、ニュートンの法則（$F = ma$）とシュレーディンガー方程式は、古典的理論であれ量子学理論であれ、物理学が世界を説明するための基本的なツールである。この二つの法則は、成立時期は何世紀も隔たっているが、お互いに補完的な世界の表象であり、単にアルファベットの1文字のように見える「m」によっても結びつけられている。というのも、「m」は、研究対象の物体が、中性子であろうと宇宙船アポロ11号であろうと、物体の基本的な特性、すなわち質量を表しているからである。

古典物理学でも量子物理学でも、質量は、物体と力、つまり環境との相互作用を仲介する重要な役割を持つ。物体の他の特性も、特定の場合にこの役割を果たす。例えば、

$$F_g = \gamma \frac{m_1 m_2}{r^2}$$

（式7）
二つの物体の間に働く
万有引力を示す方程式

電荷と速度は電磁場との相互作用を特徴づけるが、力が何であれ質量が存在する。

物体の質量は、物理学のもう一つの基本的なプロセスである万有引力の中心でもある。

二つの物体は、ともに質量を持っているために、万有引力によって互いに引き合い、万有引力は物体の質量に正比例し、二つの物体が離れるにつれて減少することを発見したのは、ニュートン自身であった。

より正確には、互いに距離がr離れた二つの質量m_1とm_2の物体間の万有引力は、前のページに示した（式7）のように表される。ここで、γは万有引力定数である。

$$\boldsymbol{P} = m\boldsymbol{g}$$

（式8）
地球の引力を示す方程式

重力は基本的な四つの力の一つで、惑星の動きと地球上の重さの感覚を起こす原因である。物体の重量を決定するのは、地球の質量がその近くに配置された物体に及ぼす引力である。よって、重量は力に過ぎない。地球の表面近くにある質量mのどんな物体でも、（式8）のように、地球による引力Pの影響を受ける。

ここでのgは重力の加速度であり、地球の質量と半径、および万有引力定数γに依存する。

これもニュートンの法則$F = ma$から導き出される式だが、また物体の質量は、世界、この場合は地球との相互作用を媒介する。重力の加速度は地球の近くではほぼ一定であるため、私たちの日常の経験では、質量は重量と同義になる。

その基本的な「m」は、例えば「リンゴ3キロとチーズ200グラム買うのを忘れないで！」のような買い物メモにもいつもあるし、おいしい昼食後の体重計や道路標識にある車両の重量の表示などで目にする存在であり、実際に物理学の重要な要素である。

次回旅行に出かけるときは、役に立たないものでいっぱいになって重くなっているスーツケースを引きずる羽目になってしまったら、このことを思い出して欲しい。物理学の基本法則（質量）を検証しているのだ、と。おそらくそれは慰めになるのではないだろうか。

測る世界に革命をもたらした「10月21日」

1520年10月21日、フェルディナンド・マゼランは後に彼の名を冠する海峡を発見し、1879年の同じ日にトーマス・エジソンは白熱灯の特許申請をした。アルフレッド・ノーベルは1833年、アメリカのジャズミュージシャンであるディジー・ガレスピーは191

7年、アメリカのミュージシャンであるドージャ・キャットは1995年の、同じ日に生まれた。

インターネットで数分費やすだけで、10月21日に起こった他の数十の出来事やその日が誕生日の有名人を見つけることができる。1年は365日であり、歴史をつくる出来事はそれよりはるかに多いことを考えると、統計学的には、10月21日は大して特別な日ではないと言える。しかし、メートル法に関する出来事を除いては。

測定単位は、数百万ではなく七つしかなく、そのうち二つの定義が、10月21日に革命を起こしたと思い浮かべることは、少なくとも格別なことだ。

すでに見たように、1983年10月21日、第17回国際度量衡総会で光速の観点からメートルが定義された。28年後の2011年10月21日、第24回の同総会では、一時代の終わりがはっきりと宣言された。すなわち、基本的な測定単位を定義するために使用されてきた人工物の中では最も寿命が長かったキログラム原器が、ついに完全に廃止されたのである。この頑丈な貴金属片は、人間がつくるあらゆるものと同様に、必然的に一時的なものであり、それが、普遍的ですべての人が利用できる自然の確固たるものに置き換えられた。

この確固不動の確定性は、古典力学の「確定性」に疑問を投げかけた、何よりも「不確定性」を呼び起こす普遍的な定数、つまりプランク定数によって、逆説的に得られる確定性であるが、逆説的というのは表面的でしかない。

「最新鋭の秤」は電磁力で測定する

標準キログラム質量の新しく革新的な定義は、現代物理学の基本である二つの理論に基づいている。その理論が、相対性理論と量子力学である。一般に物理学全般と同様に、どちらもエネルギーの概念が中心となっている。

相対性理論のエネルギーは、おそらく、すべての科学の中で最もポップな公式である。それは、次のページにある（式９）の方程式で表される。エネルギーE、質量m、光速cを結びつけるものだ。

量子力学では、エネルギーEはプランクの量子を表す式に入る。これは、（式10）の通りである。

ここで注意！

Eは同じ物理量、エネルギーであり、相対性理論と量子力学のおかげで、前章で詳しく説明した光速cと、プランク定数hの両方の関数として表すことができる。つまり、エネル

$$E = mc^2$$

（式９）
相対性理論によるエネルギーを示す方程式

ギーは相対性理論と量子力学の架け橋になり、とりわけ質量に関しては、cとhという不変の二つの普遍的な物理定数の関数として記述できるということだ。

質量と二つの普遍的な定数の関係は、単に専門家のための理論的手段ではなく、キログラムの新しい定義に極めて役立つのである。実際、キログラム原器である傷みやすい金属片をより耐久性のあるものに置き換える必要があることが明らかになったため、物理学者たちが作業に取りかかり、質量をhとcに結びつける関係を使うさまざまな実験方法を見出した。測定単位を構築するということは、それを実践に移す能力が必要であることを意味する。この場合、cとhが正確にわかれば、質量を同じ精度で量り、標準キログラム質量を定義できる実験を考え出すことができる。

この測定に使われる主要な機器は、ワット天秤（キブル天秤）である。二つの皿の天秤で、原則としては紀元前２０００年のものと同じだが、少しだけ技術的に高度である。計量する質量が一つの皿の上に置かれ、もう一つの皿は、一般的な秤のように別の質量の分銅ではなく、電磁力によって、計量する質量のバランスを取るものだ。

この電磁力の値は、ジョセフソン効果と量子ホール効果の二つの量子効果を使って非常に正確に測定でき、プランク定数の関数として表される。精密な実験のおかげでここ数十年で可能になったように、電磁力の高精度な測定ができ、その値が固定されていれば、ワット天秤は、有形物質から独立した質量測定、そして標準キログラム質量の定義を可能にするのだ。

hは実に小さい。正確には、国際単位系で表されるその値は6・62607015 ×10^{-34}であり、出版社がインク消費量について私たちを責めないなら、0・000000000000000000000000000000000662607015と書くこともできる。これに比べれば、銀行口座の所在国、支店、口座番号を特定するための国際標準であるIBANコードなんか子どものおもちゃである。

標準キログラム質量の新しい定義として規定されたのは、まさにこのプランク定数に基づいた測定値なのである。

$$E = hf$$

（式10）
量子力学によるエネルギーを示す方程式

1945年に物理学は「世界の破壊者」となった

ヒトラーが地下壕で自殺し、1945年5月2日、ベルリンで赤軍がドイツ国会議事堂にソ連の旗を掲げた。5月8日、ナチスドイツは降伏した。しかし、マンハッタン計画の活動は衰えることなく続いた。

1945年7月16日午前5時29分、ニューメキシコ州ソコロ市の近くのアラモゴード砂漠で、人工の夜明けが空を眩惑した。それは、初の原子爆弾爆発であるトリニティ実験であり、数日後に広島を破壊した装置の実験だった。エンリコ・フェルミはこの実験にも参加した。

「7月16日の朝、私は爆発現場から約10マイル離れたトリニティのベースキャンプに駐留していた。爆発は午前5時30分ごろ起こった。私の顔は、溶けた暗いガラス片がめり込んだ大きな板で保護されていた。爆発の第一印象は、身体の露出した部分に非常に強い光の閃光と熱の感覚があったことだった。被写体を直視していなかったが、突然、田園地帯が昼間よりも明るくなったような印象を受けた。それから私は暗いガラスを通して爆発の方向を見た。そして、すぐに炎の塊のようなものが上がり始めたのが見えた。数秒後、上昇する炎は明るさを失い、大型のキノコのように頭が膨らんだ、巨大な煙の柱のように見えるものが、雲の上、おそらく3万フィートの高さまで急速に上昇した。最高の高さに到達した後、煙はしばらく静止したままだった。そして、風がそれを消散し始めた。

爆発から約40秒後、爆風の先端が私のところまで到達した。私は、約6フィート（約１・8メートル）の高さから小さな紙片を落として、衝撃波の通過前、通過中、通過後のその強度を推定しようとした。爆発直前当時は自然の風がなかったので、爆発が進むにつれて落下しそうな紙片の変位をはっきりと観察し、実際に計測することができた。変位は約２・５メートルで、当時私が推定したところ、１万ＴＮＴ（トリニトロトルエン）トンによる爆発に相当する」

１万ＴＮＴトン、つまり１０００万ＴＮＴキログラムである。紙片を落とすことによって計算されたフェルミの推定値は、現実からそれほど遠くはなかった。爆弾は、フェルミ推定値の約2倍、２万２０００トンのＴＮＴに相当するエネルギーを放出した。膨大な量である。第二次世界大戦中に投下された最も強力な伝統的な爆弾の一つであるグランドスラム爆弾は、ＴＮＴ換算で10トン未満のエネルギーを持っていたことと比べて欲しい。

アインシュタインのおかげで、質量がエネルギーに変換される可能性があることを、自然は人間に示した。そして、あの7月16日、人間はそれを破壊的に行う方法を学んだ。物理学は潔白ではなくなった。「今、私は世界の破壊者である『死』になった」と、マンハッタン計画を主導した物理学者ロバート・オッペンハイマーは言った。

幸いなことに、それ以来、理性が勝り、私たちは今、発電用の核分裂発電所での平和的な目的のためにのみ、方程式$E=mc^2$で表される質量のエネルギー変換を使っている。将来これは、過去の負に対する一種の前向きな一歩として、私たちが今日経験している深刻な環境危機の解決に大きく貢献する、質量からエネルギーへの新しい形の変換をもたらしてくれるかもしれない。

アーサー・エディントンは、1920年に星を研究しながらこんなことを夢見ていた。

「星は、私たちが知らない方法によって、広大な貯蔵庫からエネルギーを汲み取る。この貯蔵庫は、皆が知っているように、すべての物質に豊富に存在する亜原子エネルギー以外のものではないだろう。いつの日か人類がこの貯蔵庫を解放し、人類のために使うようになることを夢見ることがある……」

私たちは今日、そのプロセスが核融合であり、エディントンが推測したように、それが実際に太陽と星に電力を供給していることを知っている。核融合では、水素の二つの軽い原子核またはその同位体が融合し、この反応において、反応物の質量の一部がエネルギーに変換される。

世界中の科学者が太陽から秘密をつかみ、実験室でこのプロセスを再現しようとしている。平坦な道のりではないが、多大な努力がなされ、数十年以内に、廃棄物や二酸化炭素を出さない、クリーンで無制限の電力源が得られることを期待している。地球の持続可能な未来を保証するのに理想的な電力源となることを。

第4章 ケルビン

冷熱のあいだで
変化し続ける
「温度」

ワインの中に隠された科学の秘密

「ワイングラスに顔を近づけてよく見ると、宇宙全体が見える」

このようなセリフは、グラスを満たすワインを何杯も飲んで酔っ払った誰かが、しげしげとグラスを見つめて言ったものだと思われるだろう。ワインがどれほど人を酔わせ、どれほど幻覚を引き起こすかは、古代からよく知られている。

考古学的資料によると、最初の大規模なワイン生産は、紀元前6000年のジョージアでの生産にさかのぼる。だから、このワイングラスの解釈が、ノーベル賞受賞者リチャード・ファインマンによる「物理学と他の学問との関係」という題名の象徴的な講義を締めくくる一節と言うと驚かれるかもしれない。

しかし実際に、ワインと物理学、そしてワインと科学とのつながりは、皆さんが考えるよりもはるかに強い。ファインマンは次のように述べている。

「(ワイングラスの中に) 風や天気に応じて蒸発する液体、ガラスの反射、そして原子をも想像できる。ガラスは地球の岩石を蒸留したものであり、その中には宇宙の年齢の秘密と星の進化が見える。ワインにはどのような未知の化学物質が入り交じっているのか。それらはどうやって生まれてきたのか。発酵があり、酵素があり、基質、そして生成物がある……。ワインの中には、すべての生命は発酵であるという大きな概念がある。フランスの細菌学者であるルイ・パスツールが言ったように、多くの病気の原因を発見することなしに、誰もワインの化学を発見することはできない」

要するに、グラスに入った赤ワインは、私たちにとって喜びであるのに加えて、部分的には、未開拓の科学実験室でもある。その証拠に、これまで数十億回と人々によって飲まれ、8000年間収穫し続けられたにもかかわらず、グラスに口をつける前にグラスを回して中のワインを渦巻かせるときに発生するプロセスに関しての詳細な物理的解明をテーマにした論文が、2020年になってようやく、権威ある学術誌『フィジカル・レビュー・フルイド』に発表された。この論文は『ネイチャー』にも掲載された。カリフォルニア大学ロサンゼルス校の科学者アンドレア・ベルトッツィと共同研究者たちが、ワインが渦巻

リチャード・ファインマン
（1918年〜1988年）

くグラスの内壁に現れる、いわゆる弧、または「涙」と言われるものを研究した。

グラスが回転すると、グラスの内壁にワインの薄い層が形成される。そこからしずくがグラスに沿って流れ落ち、残っているワインに戻る。ワインの神であるバッカスの信者にはよく知られているこの現象は、重力と組み合わされた二つの流体の間の界面の特性によるものである。

グラスを回したときに内側にできるこの薄い層では、アルコールはグラスに残っているワインより速く蒸発するため、化学的性質の異なる二つの液体が生成される。元のワインと、アルコールの一部が蒸発したためアルコール含有量が低くなっているグラスの内表面のワイン。この二つの流体の間で物理的効果が現れ、液体がグラスの内壁に沿って上昇し、涙のような形になるまで蓄積される。

このプロセス自体は、1865年にイタリア北部の都市パヴィーアの物理学者カルロ・マランゴーニによって説明された。マランゴーニは、ジェームズ・トムソンによるそれまでの研究を深めて、そして完成させた。しかし、なぜワインが不均一に落ちて弧を形成するのか、という問題はまだ残っていた。

その155年後、ベルトッツィのグループは、至って高度な理論モデルを使ってそれを説明し、ワインの層が微視的なうねりであるという特徴を解明した。涙を引き起こすのは、まさにこれらの厚さの違いと重力である。

ワインのアルコール含有量が高いほど効果がよりはっきりと見えるため、高級ワインであるアマローネ・デッラ・ヴァルポリチェッラやバローロのボトルを見ると、物理学者はワインの弧の理解を深める科学論文の機会としか考えない、と思われるかもしれない。残念ながら、研究方針の最近の傾向は、「*publish or perish*（論文発表か、死か）」というモットーに要約されているように、論文の内容ではなく、論文の数のみに基づいて業績を評価するように促されている。

だが、幸いなことに、そうではない。もう一度、ファインマンのような巨匠たちが、私たちを地に連れ戻して現実に向き合わせてくれる。と言うか、この場合、グラスに口をつけさせてくれる。実際、彼の講義は次の言葉で終わる。「私たちちっぽけな人間の考えで、この一杯のワイン、すなわちこの宇宙を、自分たちの都合で（物理学、生物学、地質学、天文学、心理学などの）いくつかの学問分野に分けたとしても、自然はそんなことはお構いなしだということを忘れないで下さい！　そして、最終的にワインが何のためにあるのかを忘れずに。分類したものをすべてまた一つに戻しましょう。最後にまた楽しみましょう。ワインを飲んで、すべてを忘れて下さい！」

ルネサンス期に温度測定の基礎が出来上がった

16世紀から17世紀にかけて科学革命が到来すると、自然現象の説明において、二つの重要な革新がもたらされた。

一つ目は、数学的記述を優先し、抽象化し、定性的記述を排除する指向だった。これは、ガリレオが『随筆家（*The Assayer*）』で書いた言葉によく要約されている。「私たちの目の前で絶えず開かれているこの壮大な本、私は宇宙と呼ぶが、そこには自然哲学が書かれている。しかし、この本は、最初にそれが書かれている言語を学び、文字を理解しない限り、理解することはできない。宇宙は数学的な言語で書かれており、文字は三角形、円、その他の幾何学的図形である。この言語と文字なしでは、人間は一言も理解することはできず、無駄に暗い迷路をさまようようなものだ」

ガリレオ自身は、運動の説明と慣性原理の論述において、この数学的記述と抽象化という革新的指向の見事な例を示している。そこでは、摩擦などの偶発的な影響の複雑さを除いて抽象化し、代わりに（真空状態などの）理想的な条件での論述に焦点を当てている。

二つ目の革新は、自然の記述に不可欠な要素としての測定の手段に関するものだった。これにより、温度の測定器を含む、新しい機器が開発された。温度は、今日、国際単位系の七つの物理量の一つであり、間違いなくこの中でもよく知られ、よく使われているものである。暑さと寒さの感覚とさまざまな温度の段階的変化は、人間の経験に固有のものであり、古くから、温度が季節の変化によるだけではなく、生命、自然、化学変化にどれほど影響を与えるかが認識されていた。したがって、ルネサンスの出現により、温度測定が科学者の関心を集めたことは驚くべきことではない。そしてその当時も、関心はワインに集中した。

ガリレオが1592年頃に最初の温度計を発明したとされているが、これは、より正しく言えば温度見（サーモスコープ）だった。二つの物体の温度を比較したり、温度の変化を測定したりするための便利な機器だった。しかし、絶対的な値を示すものではなかった。

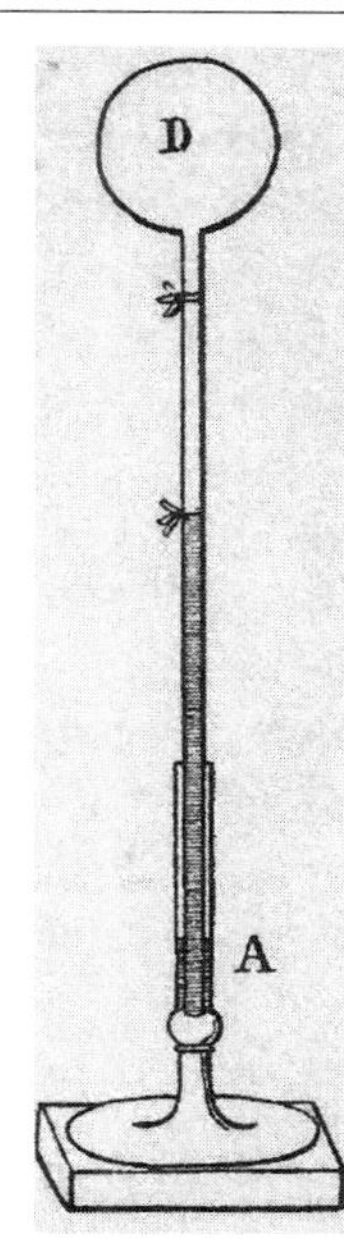

温度見のスケッチ

ガリレオの温度見は基本的にガラス製ガラス管で、一端が同じくガラス製の球になっており、もう一つの端は開いているものだった。ガラス管に少量の水またはワインを入れ、開いている方の端を下にして、同じ液体が入った容器に垂直に浸し、上部の球に空気が入るようになっていた。

温度を測りたい物体に球を接触させることによって、物体自体の温度が空気の温度よりも低いか高いかに応じて、球に含まれる空気が収縮または膨張することが観察される。空気が収縮するとガラス管内の液面が上昇するが、膨張すると気泡が発生して泡立ち、液面が低下する。

この測定原理は、ビザンチウムのフィロとアレクサンドリアのヘロンが空気サーモスコープを開発した古代ギリシャの時代から知られていたが、他の多くの分野と同様に、アリストテレス文化が広まったことにより、1000年以上にわたって科学の発展が止まっていた。

しかし、ガリレオの時代にはすでに、異なる複数の機器でも、同じ状況で使えば同じ測定値が得られるようにする必要が出てきた。温度測定の場合、まずできるのは、当時としては実用的ではなかったが、まったく同じ機器を複数使うことだった。もう一つ考えられる方法ははるかに簡単で、共通の参照基準を設けることによって、異なる複数の機器の読み取り値を比較できるようにすることだった。

この基礎には因果関係の原則がある。つまり、同様の原因から同様の効果が起こるということである。温度の場合、まず、一つの温度計が、この場合の基準状態であるとける氷の複数のサンプルに触れたとき、常に同じ読み取り値を示すことが観察される。効果の不変性、すなわち読み取り値の不変性から、原因の不変性を推測し、とける氷のさまざまなサンプルを分析して、一定の温度を特性とする同じ現象が見られると結論づける。したがって、同じ条件では常に同じ結果が出なければならないため、別の温度計がとける氷に浸された場合、同じ条件で最初の温度計に記録されたのと同じ温度測定値を示す必要がある。

基準状態に基づいた計測器を最初に使用した一人は、ガリレオの友人であるベネチアのフランチェスコ・サグレドだった。サグレドは、自身がつくった複数の空気温度計が、互いに一致する値を示すことを主張した。彼はまた、彼の温度計が夏の暑さで３６０度、雪で１００度、雪と塩の混合物で０度を読み取ったことを報告し、定量的な測定値を示した。実際、塩水は摂氏０度（℃）以下の温度で凍結することが知られている。よって、サグレドは、温度値を固定するための基準状態として、雪と、雪と塩の混合物を選択した可能性がある。

温度測定に開かれた新しい地平に立ったサグレドの情熱と熱意は、彼が１６１３年にガリレオに宛てた手紙によく要約されている。「あなた様が発明された熱測定器について、私は温度単位をとても便利で精緻な形態にしました。そうして、二つの部屋の温度差が１００度まで測れるようになり、例えば、冬は気温が氷や雪の温度よりも低いなど、さまざまな驚くべきことを測定しました」

体温を測るための体温計を考え出したのは、当時はベネチア共和国の支配下にあり、現在はスロベニアにあるコペルで1561年に生まれた、サントーリオ・サントーリオである。彼は、ガリレオの知人で、1611年にパドヴァ大学に呼ばれて医学を教えた。ガリレオもそこで前年まで教授を務めていた。サントーリオは、医学における定量的物理測定を使った先駆者の一人であり、ガリレオが同時期に科学に革命をもたらした実験手法を医学に拡張した。

ガリレオの振り子の動きに関する実験結果に触発されて、サントーリオは心拍を測るための装置「パルシロギウム」を発明した。彼はまた、人の体温の変化を観察し、それを健康状態と病気の発症を示すものとして解釈した最初の医師でもあった。サントーリオは空気温度計を改良し、そのうちの一つは、球を患者の口に入れ、チューブの目盛りには、雪の温度とろうそくの火の温度に対応する二つの基準値を使う温度計だった。

サントーリオ・サントーリオ
（1561年～1636年）

「熱平衡」という不思議

熱を測るための一般的な体温計は、温度測定の基礎となる物理的原理の優れた例である。まず熱平衡について考えてみよう。

平衡の概念は物理学において非常に重要である。一般に、一つの系を説明する物理量が時間の経過とともに変化しない場合、その系は平衡状態にある。

最もよく知られている平衡の形態は、静的な力学的平衡である。これは、例えば、携帯電話をテーブルに置くことによって実現される。携帯電話は静止したままだ。つまり、携帯電話の位置は時間の経過とともに変化しない。これは、携帯電話を平行移動または回転させる原因がないためである。

ただし、力学的平衡だけではない。テーブル上に置かれた電源が入っている携帯電話のバッテリーは力学的平衡状態にあるが、電気エネルギーを生成して状態を変化させる（放電する）反応が内部で発生するため、化学平衡の観点からは平衡状態にはない。

そして三つ目の平衡、熱平衡もある。これは、物体の温度が一定のままであるときに発生する。よって、温度は熱平衡を特徴づける物理量である。異なる温度の二つの系が接触すると、それらは熱平衡に達する。つまり、二つの物体の温度は同じになり、温かい物体は冷たい物体に熱を伝達する。

温度計は、別の系と熱的に接触し同じ温度を帯びるが、別の系の温度を変更せず、その系と熱平衡状態になる測定器である。この現象が起こるためには、温度計は、例えば、測定中の系を大きく乱さないために薄くなければならない。こうして体温計は、人体の温度を変化させることなく、人体と急速に熱平衡になる。

体温計はまた、温度変化を可視化できなければならない。これは、技術用語で温度測定特性と呼ばれるものによって可能になる。つまり、それは温度に応じて変化する物理的プロセスであり、容易に観察できる。従来の体温計のプロセスは、内部の液体の熱膨張である。液体は、かつては水銀が使われていたが、現在はアルコールまたはガリウム合金であり、その特性は熱によって長さが変化することである。物体の体積は温度上昇とともに大きくなる傾向があり、その結果、その寸法が変化するということだ。これは、橋、建物、鉄道を設計する人々にはよく知られている現象であり、特別な伸縮継手で補われる。

温度計内部では、液体の柱の長さが接触している物体の温度に応じて変化する。こうして温度測定値は長さの値に変換され、視覚化がはるかに容易になる。電子体温計では、温度によって変化するのは電気抵抗であり、その値はデジタル化されて体温計の画面に表示される。

なぜ温度は「摂氏」と「華氏」で示すのか？

サントーリオが人に体温を測るように教えていたのと同じ頃に、スウェーデンでは技術者たちが、当時の最も強力な軍艦の一つであるヴァーサ号の建造に取り組んでいた。１６２８年8月10日、大勢の群衆が集まり、ストックホルム港の埠頭(ふとう)が混雑している中、この船は国王の見ている前で海に出航した。しかし、期待はすぐに失望に変わった。出帆地点から１マイルも離れていないところで、ヴァーサ号は無害であるはずの取るに足らない突風のために突然沈没し、30人の乗組員を深淵(しんえん)に引きずり込んだのだ。

この船には、64門の青銅製大砲が二層の甲板に装備されていた。船の幅に比べて船が高すぎて非常に不安定な構造になっていたが、それはまさに、技術者のアドバイスに反して国王が望んだために、二層目の大砲甲板が設置されたのが原因であった。

これに加えて、船の木造構造は右側よりも左側の方が厚かったと言われる。その原因の一つは、船大工が複数の異なる計測システムを使ったという事実にあるようだ。

後世、船を建造した労働者たちが使った物差しという遺物が発見された。12インチというスウェーデンのフィート単位で目盛りがつけられたものが二つと、わずか11インチというオランダのアムステルダムのフィート単位のものが二つだった。ヴァーサ号の記憶に残る悲劇は、一つのプロジェクトで複数の異なる測定尺度を使用したことが失敗につながった一例に過ぎない。

NASAがメートル法の単位を使い、一方、火星探査機マーズ・クライメイト・オービターをつくった会社はヤード・ポンド法を使っていたために、探査機は火星の大気中で崩壊したということはすでに述べたが、同様の話が他にもある。

例えば、1983年7月23日にモントリオールとエドモントンの間を飛行していたエア・カナダ143便は、リットルからガロンへの単位変換が曖昧で、間違った量の燃料を補給された結果、オートバイのレースが行われていた滑走路に緊急着陸を余儀なくされた。幸いなことに、人に被害を与えることはなかったが。

前章でも述べたように、測定単位について合意するのは容易なことではない。そして、温度も例外ではなく、今日実用的に使う単位で、世界は華氏「°F」と摂氏「℃」に分かれている。

温度測定のための普遍的な単位を設定しようという動きが始まったのは、最初のサーモスコープの開発から1世紀足らず後のことだった。18世紀初頭、ニュートンが考案したニュートン度と、デンマークの天文学者レーマーが考案したレーマー度が、最初の普遍的単位だった。

一方、ドイツの物理学者であるガブリエル・ファーレンハイトが、アングロサクソン世界で現在も使われている単位である華氏を考案したのは、１７２４年のことだった。

温度測定の液体として水銀を使ったのもファーレンハイトだった。これは、金属の高い膨張係数のおかげで、機器の精度を大幅に向上させる革新的な選択だった。温度変化に対して、水銀柱は水やアルコールよりもはるかに大きく膨張するため、温度をより正確に表示できるのだ。

ファーレンハイトは、元々、固定点として、水、氷、塩化アンモニウムを混ぜた溶液の温度を選び、それに値0を当て、人体の平均値を96に設定し、とける氷の温度を32とした。現在、華氏の単位は米国の公式単位であり、氷の融点を32°Fに、水の沸点を２１２°Fに設定し、この二つの固定点の間を１８０等分して1°Fとしている。

１７４２年に別の新しい単位が科学界にデビューし、実際に使われると、これが主流になっていく。スウェーデンの天文学者アンデルス・セルシウスが考案した単位である。

後に有名になる論文の中で、セルシウスは、温度測定単位の二つの固定点を設定することを主張し、根拠のある確かな科学的議論をもたらした。この主張は、元々はサントーリオが提唱したものだったが、まだ広く受け入れられていなかった。セルシウスは、標準圧力の条件下でとける氷の温度と沸騰する水の温度で識別し、その間を100度に分けた。

これが、今日彼の名前がつけられ、「℃」で示されているセルシウス度、摂氏である。

アンデルス・セルシウス
(1701年～1744年)

元々、セルシウスが選んだのは、とける氷の温度を100とし、沸騰する水の温度を0とすることだったが、彼の死後すぐにこの設定は反対にひっくり返された。そして現在のように、氷のとける温度は0℃、水が沸騰する温度は100℃となったのである。

熱量の父・ジュールの功績

1970年代以来、長く親しまれているイタリアのコメディー小説と映画『ファントッツィ（*Fantozzi*）』にこんな一説がある。「ファントッツィには、［サッカーのテレビ観戦をするための］素晴らしい舞台セッティングがありました。靴下、パンツ、フランネルのガウン、テレビの前の小さなテーブル、大好物の玉ねぎ入りオムレツ、よく冷えたお馴染みのペローニのビール1本、熱狂的な応援の歓声と、自由にできるゲップ！」

ビールの温度について話すとき、『ファントッツィ』の作者でファントッツィを演じた役者でもある素晴らしいパオロ・ヴィラッジョと、よく冷えたペローニへのオマージュは少なくとも必須だ。

70年代、ビールは基本的に冷やして飲むべきものだった。イギリスでの休暇からイタリアに戻ったときに、イギリスのパブで出される生ぬるいビールについての避けられない文句を考えてみて欲しい。ここ数十年の飲料供給の大躍進と、その結果としての味覚の洗練によって、今や人は、ビールのタイプに応じて、約0℃からおよそ16～18℃の範囲の温度に慣れている。このテーマについては豊富な文献があり、『ウォール・ストリート・ジャーナル』のような人気のある新聞でさえ関心を向けている。温度計はまた、ファントッツィと彼のよく冷えたペローニのビールに敬意を表して、ビールを適切に味わうための不可欠な器具でもある。

この場合も、もちろん、測定単位には注意して使う必要がある。ヨーロッパでは、ピルスナーが摂氏4〜6度（℃）で推奨されているのに対し、アメリカでは華氏38〜45度（°F）が選択されているからだ。間違った温度で飲んだ場合、味覚体験に明らかな影響があるのだ。実際に、温度とビールの関係ははるかに深く、この温度という物理量に重要な役割を果たしたのはワインだけではなかったことを証明している。

温度は、熱力学の基本的な物理量である。熱力学は、系と系の間および系と環境の間のエネルギー交換、機械的仕事の熱への変換、およびその逆の熱の機械的仕事への変換を含む、巨視的プロセスを研究する物理学の分野である。熱はエネルギーの一つの形態である。正確には、二つの物体間の熱の流れを統制するのは、二つの物体間の温度差である。より温度の高い物体は、温度の低い物体に必然的にエネルギーを与え、結果、温度の高い物体は冷却する。

この学問分野の父の一人は、英国ランカシャー州サルフォード出身の醸造家、ジェームズ・プレスコット・ジュールである。彼の功績で特に称えられるべきなのは、１８４０年代に、エネルギーを変換するメカニズムである力学的仕事と熱の同等性を実証したことである。

有名なのは、機械的プロセスを利用することによって、つまり、内部の一種プロペラのような螺旋（らせん）状のものを回すことによって、容器内の水の温度を上げることができることを実証した実験である。螺旋状のものを動かし続けるために使われる力学的エネルギーは、摩擦のおかげで水の熱エネルギーに変換される。

ジュールの研究は、現代の熱力学、特に熱力学の第一原理であるエネルギー保存の基本法則がカロリック説を克服するための基礎を築いた。当時、「カロリック（熱素）」という、一種の目に見えない、重さのない流体物質が物体と物体の間を流れ、その濃度によって温度が高くなったり低くなったりすると説明されていた。

一方、ジュールは、熱もエネルギー変換の一形態であることを示したのだ。彼は自身の最高の実験能力の結晶である、極めて高精度の温度測定技術のおかげでその実証結果を得た。それは、醸造者としての彼の実践経験から、つまり彼が化学と装置に精通していることから得られたと言われる。マンチェスターの南にあるブルックランド郊外の墓地にある彼の墓石には、772・55という数字が刻まれている。これは、1878年に行われた測定で得られた、力学的エネルギーと熱の等価係数の最も正確な測定値にあたる（当然、フィートやポンドなどのヤード・ポンド法で……）。

ジェームズ・プレスコット・ジュール
（1818年～1889年）

「分子」が温度測定に活用される

ジョッキ一杯のビールには約10^{25}個の分子が含まれている。10^{25}という数字は、1の後に25個のゼロが続く数字を、物理学者や数学者が省略した書き方である。つまり、数千億の分子が含まれているのだ。ビールを一口味わい、温度が適切かどうかを脳が評価するとき、私たちは、この感覚がそのひどく大きい数の分子と関係していると考えることはほとんどない。さらに正確に言えば、ビールが予想よりもぬるいように感じる場合、その分子が口蓋の最適値よりも速く移動しているためにそうなるなどとは誰も思わない。言い換えると、温度、圧力、体積などの物理システムの巨視的な熱力学的特性は、その構成成分の微視的な特性と密接に関係しているのである。

巨視的な熱力学的量と物質の微視的な性質の間の関係は、気体分子運動論によって説明される。その先駆者の一人がジュールであったが、この理論は、イタリアのトリエステ近郊のドゥイーノで自殺したオーストリアの物理学者ルートヴィッヒ・ボルツマンによって、1870年頃完成された。気体分子運動論研究の原型は気体であり、それを含む容器内で一定か

ルートヴィッヒ・ボルツマン
（1844年〜1906年）

つ高速で移動する一連の微細な粒子（原子または分子）の総体として説明される。

気体分子運動論によれば、気体の圧力、体積、および温度は、気体を構成する原子または分子を特徴づける運動の結果である。特に、圧力は容器の壁に対する粒子間の衝突によって引き起こされ、気体の温度は粒子が持つ運動エネルギーに密接に繋（つな）がっている。巨視的な世界を微視的な世界に結びつける普遍的な物理定数k_Bはボルツマンにちなんでボルツマン定数と名付けられており、この定数が使われる次のページの方程式（式11）は、理想気体の粒子の運動エネルギーとその温度の関係を表す。

この方程式は、今私たちがこの本を読んでいる部屋の温度Tが、空気分子の平均運動エネルギーE、または分子自体の平均速度の2乗に比例することを示している。空気が温かいほど、分子の動きは速くなる。エネルギーと温度の比例定数はk_Bであり、国際システムでは1・380649×10^{-23}に等しい普遍的な値を持つ。常温では、空気分子は時速約1800キロメートルで移動するのだ！

ここで示した数少ない文字のシンプルな式

$$E=\frac{1}{2}mv^2=\frac{3}{2}k_BT$$

（式11）
気体の分子運動と温度の関係を表す方程式

を通じて、無限に小さい世界と巨視的な世界の関係、例えば原子と飛行船の関係を表現できるということにおいても、物理学の並外れた美しさがある。

しかし、この式において重要なのは、適切な単位で温度を表現するということである。その単位は、１８４８年に提案され、ある小川にちなんで名付けられた。

国際単位系・ケルビンの誕生

物理学の歴史にも、奇妙に類似することがたくさんある。ジュールのように、ボルツマンも墓石に物理式が刻印されている。これは、正確に言うと、エントロピーの定式である。

また、サッカー選手としてのハラルト・ボーアの名声が物理学者の兄ニールスの名声を超えることができなかったように、トムソン兄弟もそうだった。ジェームズとウィリアムは2

歳違いで、英国北アイルランドの首府のベルファストに生まれた。ジェームズは１８２２年、ウィリアムは１８２４年生まれである。兄のジェームズは科学者であり発明家であり、本章の冒頭で述べたワインの弧の研究を始めたのは彼だったが、アルコールの涙の説明が、それを完成させたイタリアのマランゴーニの名前で歴史に残っているため、最も専門的なワイン醸造学者でさえジェームズのことはほとんど記憶していない。

そして、ボーア兄弟の場合のように、兄弟の一人だけがトムソン物理学という殿堂に入ったが、それは兄ジェームズではなかった。弟ウィリアム・トムソンは、科学への貢献から、男爵の称号を英国貴族院に授与された最初の科学者であり、英国スコットランドの都市であるグラスゴーの北を流れる長さ35キロメートルの川の名前からケルビン卿と呼ばれた。彼が働いていた研究所の近くを流れていたのがこのケルビン川で、世界的に有名な温度単位ケルビンも、元はこの川の名前が由来である。

ウィリアム・トムソン
（1824年～ 1907年）

トムソンはさまざまな分野での知識を統合して研究した科学者であり、最初の大西洋横断海底電信ケーブルの敷設にも携わった。しかし、彼が名声を得たのは主に熱力学における成果によるものであり、１８４８年に彼の名前を冠した温度単位ケルビンが導入されたのは彼の功績であった。

この単位は、実用上は、摂氏や華氏ほど知られていないが、熱力学の基本であり、その定義は水や人体などの物質の特性とは無関係である。ケルビンの単位増加は摂氏の単位増加と同じだが、０度を、氷がとける温度に設定する代わりに、物質の可能な限り最も低い温度点、つまり絶対零度として定義する。絶対零度は、摂氏零下２７３・15度（℃）にあたり、それよりも温度が低いものはない。したがって、ケルビンは絶対単位であり、原子、分子という物質の微視的な構成要素の運動エネルギー量を表す。この意味で、ケルビンで表される温度は、前に見た（式11）で使われている温度とまったく同じである。

ケルビン（Ｋ）は、１９５４年に国際度量衡総会で採用されて以来、熱力学温度の基本単位となっている。しかし、測定単位を実際に使えるようにする、つまり、その定義を実践に移すには、実験的手法が必要である。この温度単位を使うには、手法として、１Ｋではなく、２７３・16Ｋに達することが求められる。これは水の三重点、すなわち水が固体、液体、気体の三つの相において、熱平衡状態で共存するときに、２７３・16Ｋ（０・０１℃）の基準点を設定する、ということである。ある圧力でこの三重点が常に正確に同じ温度、２７３・16Ｋで発生するため、これは有効な普遍的な標準値である。このように、２０１９年に現行の新定義が施行されるまで、ケルビンは「水の三重点の熱力学温度の２７３・16分の１」と定義されていた。

そして、国際単位系の改定に伴って、普遍的な物理定数に基づき、他の単位と同様に温度単位も変わった。２０１８年に、普遍的な物理定数によってすべての基本単位を再定義するために、実に正確に定められるボルツマン定数を使ったケルビンの新定義が採択された。

よって、今日、ケルビンは、ボルツマン定数k_Bの固定数値が１・３８０６４９×10^{-23} kg m^2 $s^{-2}K^{-1}$であると仮定して定義される。この、kg（キログラム）、m（メートル）、s（秒）は、前に述べた基本物理定数の観点から決定される。水の三重点は、もうケルビンを定義する基準ではなくなったが、温度計の目盛りを決めるために便利で実用的な方法である。

ケルビンは物理学で広く使われている温度の測定単位だが、日常生活や多くの実際の適用においては、摂氏単位が最高の地位にある。伝統だからか、または、例えば、凍結する水は０、沸騰する水は１００という、非常に覚えやすい二つの固定点の美しさとシンプルさからか、または、日常的に使う温度の多くが、私たちの好みやすい小さな数字で表現されているためか、摂氏の単位が、現在、実に世界中で使われている。公式の温度単位として華氏を使っているのは、米国とイギリス、一部の太平洋諸島、ケイマン諸島、そしてリベリアのみである。

到達不可能な「絶対零度」

イタリアでこれまでに記録された最低気温は零下49・6℃で、2013年2月10日に、北東部のトレンティーノ・アルト・アディジェ州のパレ・ディ・サンマルティーノにある、標高2929メートルのブサ・フラドゥスタ陥没穴で観測された。寒いように思えるかもしれないが、南極で出された世界記録と比較すれば何でもない温度だ。1983年7月21日、ロシアのヴォストック基地では、零下89・2℃の気温が記録された。しかし、これでさえ、月面南極近くのクレーターでNASAのルナー・リコネサンス・オービター宇宙探査機によって観測された零下240℃と比較したら温暖な気候だろう。

ただし、零下240℃でさえ、絶対零度からはまだ遠い。実験室でなら、それに非常に近い条件が得られる。例えば、2014年にイタリアの国立核物理学研究所のグラン・サッソ国立実験所では6ミリKの温度に達した。これは、無視できない1立方メートルという体積で得られたため、驚くべき結果である。はるかに小さい体積では、さらに低い温度に達し、絶対零度よりほんの数千億分の1K高くなる。

絶対零度に近い温度に対する物理学の関心は、その条件下では物質の性質が非常に異なるということにある。このような温度では、多くの物質の熱的、電気的、磁気的特性がかなり変化する。特定の臨界温度以下で発生する重要な現象は、超伝導と超流動の二つである。超伝導材料は、電気の流れに対する抵抗に対抗しないため、例えば、ＣＥＲＮ（欧州原子核研究機構）のＬＨＣ（大型ハドロン衝突型加速器）のように強力な磁場を生成する必要がある場合に使われる。実際、ＬＨＣには１７００を超える磁石があり、粒子が正しい軌道に沿って移動できるようになっている。これらはすべて超伝導材料でできており、重量は最大28トンである。

ただし、絶対零度は理論的に達成不可能な目標である。事実、熱力学の第三法則は、絶対零度に近づくにつれて物体から熱を取り除くこと、つまり物体を冷却することはますます困難になり、したがって、限りある時間内に限りあるエネルギーを使って絶対零度に到達することは不可能であると述べている。

しかし、これに加えて、量子力学がある。それにより、古典力学の確実性は確率の概念に進化する。ヴェルナー・ハイゼンベルクの不確定性原理は、実験がどんなに正確であっても、粒子の位置と速度、より正確には、速度と質量から得られる運動量が、決して正確かつ同時に確定できないというものである。この原理は、特定の観測時間中に一つの系のエネルギーを決定できる精度の限界も示している。

言い換えれば、ある系のエネルギーの測定誤差ΔEと、測定が行われる時間間隔Δtとの積は、一つの限界を下回ることはできない。実際、$\Delta E \cdot \Delta t \geq h/4\pi$の関係が成り立つ。ここで、$h$はすでに説明したプランク定数である。したがって、ある系が絶対零度にあることを確定することは、そのエネルギーがゼロ（$\Delta E=0$）であることを絶対的な精度で定めることを意味する。これは、非現実的な無限の観測時間を想定してのみ行うことができる。そのうえ、物体を絶対零度にするということは、その各原子を別個の位置で完全に停止することを意味する。これには、その原子の正確な位置と運動量を定める必要があり、これもまた量子力学と矛盾するのである。

米ソ冷戦をとかした「熱」

3月2日、コンコルド超音速ジェット機が初飛行を行った。海抜約1万7000メートルの飛行高度では、気温は約零下57℃だった。7月20日、人類は初めて月面に足を踏み入れ、ニール・アームストロングとバズ・オルドリンの滞在中、気温は零下23℃から7℃の間で変動した。8月15日、連日の雨でぬかるんでいた「ウッドストックの泥沼（ウッドストック・フェスティバル）」は、ジョーン・バエズ、ジャニス・ジョプリン、その他多くのミュージシャンの音楽とともに、一世代の若者たちを受け入れた。当時の日中の気温は28℃前後だったが、夜になると12℃まで下がった。しかし、それに注意を払った人はほとんどいないようだ。

もちろん、すべて1969年の話だ。その年の春、英国の科学者の少人数のグループが、1000万Kの温度を測定するために、荷物に温度計を入れてモスクワに向けて出発した。冷戦の真っ只中（ただなか）にある温度計は、最も暗い時代でさえ、科学が平和の道具になり得ることを示した。

当時、西側とソ連の二つのブロック間の緊張は急速に高まり、核軍拡競争は衰えることなく続いた。1960年から1969年の間だけでも、ソ連と米国は660回の原子爆弾実験を実施し、世界は脅威の均衡の中で生きていた。しかし、軍事研究と並行して、原子力の平和利用に関する研究も進められた。最初に研究され実践されたのは核分裂のプロセスである。中性子に衝突した重い原子核が分裂し、そうすることでエネルギーを放出するものである。

1951年には、電気を生成できる最初の実験用核分裂炉であるEBR-1が米国で稼働を始めた。EBR-1によって生成された電力は、200ワットの電球四つにしか電力を供給できなかったが、これは歴史的な出来事だった。ソ連では、１９５４年6月27日、最初の民間の発電所が稼働し、「平和的原子」という意味の「*Atom Mirny*」という刺激的な名前がつけられた。１年後、米国アイダホ州アーコでは、Borax-III原子炉がすでに町全体に電力を供給することができた。１９６２年、フランスとイタリアで最初の核分裂発電所が稼働を開始した。

しかし、戦後すぐに、核分裂の代替プロセスである核融合に関する研究が行われた。キログラムについての章で見たように、核融合の過程で、水素同位体の二つの軽い原子核が非常に接近するようになり、核相互作用が強まり融合する。その過程で、反応物の質量の一部がエネルギーに変換される。

核分裂の場合と同様に、核融合でも反応ごとに放出されるエネルギーは、通常の化学燃焼反応で得られるエネルギーよりもはるかに大きく、二酸化炭素は生成されない。さらに核融合では、核分裂と違い、長寿命の放射性廃棄物は生成されないという大きな利点がある。生成プロセスは本質的に安全であり、燃料（水とリチウム鉱物）は根本的に無制限である。そのような研究が戦略的に重要であることは当然のことだ。

そのため、冷戦の真っ只中にあって、世界を二分する二つのブロック間の核融合に関する競争は非常に激しいものだった。そのようなエネルギー源を持っていれば、莫大な経済的および政治的利益があっただろう。そのため、1968年の夏、国際原子力機関が主催した「第3回プラズマ物理と制御核融合研究国際会議」の際に、ソ連は実験で燃料の最高温度が1000万Kに達したと報告し、西側の多くの人々は冷や汗をかいた。

このように騒ぎが大きかった理由は、まさに核融合の物理学にある。このプロセスを実行するには、水素同位体の二つの原子核を極めて高温に加熱して、それらの間に存在する自然の反発力を凌ぐ必要があるからだ。実際、両方とも正の電荷を持っており、この静電力（クーロン力）のために互いに反発する傾向がある。しかし、二つの原子核が十分に近づくと、引きつける核力の集約効果を受ける。そして、原子核を十分に近づけるには、数百万Kまで加熱し、上記の熱攪拌（かくはん）の動きを利用する必要がある。

高温では、原子核は非常に速く移動するため、反発力に打ち勝つのに十分な運動エネルギーを持っている。その温度で、物質はいわゆるプラズマの状態に到達する。これは、まさに核融合の燃料であるイオン化ガスである。科学者たちは、将来の核融合炉のプラズマを、太陽の中心よりも高い温度である最大1億5000万Kまで加熱することを目指している。

プラズマには、高い熱負荷に耐え、壁がその特性を低下させない容器が必要である。これを実現するために、核融合に取り組んでいる物理学者たちは、プラズマが強力な磁場によって閉じ込められる特別なドーナツ型の鋼製容器を設計した。この装置の磁場は、プラズマを構成する、運動中の荷電粒子に力を及ぼす。

1960年代の主要な実験の一つはT-3と呼ばれ、モスクワのクルチャトフ研究所で行われた。これを達成するために、ソ連の研究者は、それより数年前に同国のアンドレイ・サハロフとイーゴリ・タムによって考案された、トカマクと呼ばれる特定の磁場方式を使っていた。そして数年の実験を経て、1968年に、T-3のプラズマを1000万Kに加熱したと主張した。プラズマの他のパラメーターを考慮すると、それは驚くほど素晴らしい結果であり、そのような戦略部門においてソ連に一時的な優位性を与えたであろう出来事だったのだ。

当時世界は政治的に分裂状況にあったが、幸いにも東西間の科学の通信回線は開いたままだった。そして、最高の科学的精神によって、独立した測定評価を行うことが提案された。ソ連の物理学者たちは、自分たちの実験結果の価値を認識して、実験の温度を実際に測定評価してもらうために、英国のカラム研究所の研究者たちをモスクワに招待した。このイギリスの研究者たちは、「東西競争の西側」を代表し、プラズマ温度測定の専門家として、発明されたばかりのレーザーを使った非常に特別な温度計を用意していた。

冷戦のピーク時には、このような交流は大胆であり、決して単純な提案ではなかった。その意義と政治的および外交上の困難はかなりのものだったが、双方はこの大事業から大きな利益を期待していた。ソ連にとって、それは自分たちの測定の確かさと優位性の確認だっただろう。一方、英国人にとっては、応用物理学、特に、その頃完成されつつあったトムソン散乱として知られる温度測定技術の壮大な実験場であり、国際的な脚光を浴びる晴れ舞台であった。その測定技術は、プラズマ中の電子の移動によって散乱されたレーザー光の検出に基礎を置くものだった。

相互不信感もあり混乱もあったが、使命は果たされた。イギリスの科学者グループは、5トンの機材を持ってモスクワに向けて出発した。数週間の準備の後、測定は成功し、ソ連の科学者たちが前年に報告したことを確認した。そして、トカマク型の国際的な成功への道を開いた。それから数ヶ月以内に、米国はプリンストン研究所での主な実験をトカマク型に変え、すぐに同様の結果を得た。つまり、トカマク型は、制御熱核融合に関する世界研究の主役になったのである。

そして科学は、それが政治的な壁をも壊すことができることを証明した。

第5章

アンペア

紀元前から
人類を分かつ
「電流」

ナポレオンが尊敬したボルタとは何者か？

月桂樹の花輪に囲まれたある碑文の最後の方の文字を、ある人物が爪で引っ掻き始めたとき、衝撃を受けたのは一人だけではない。このエピソードは、パリのフランス研究所の科学アカデミーの図書館での出来事である。その碑文は、哲学者であり文学者であるヴォルテールに捧げられたものだった。

碑文を爪で引っ掻いたのは、ほかでもないナポレオン・ボナパルト第一統領であった。そのとき彼のことをあえて非難した人はいないようだ。この将来の皇帝の行為は、碑文に対する不当な破損ではなく、強く敬慕するイタリアの物理学者アレッサンドロ・ボルタに捧げた賛辞だった。

つまり、最後の方の文字がいくつか削られたことにより、「偉大なヴォルテールへ（*Al grande Voltaire*）」という碑文は、「偉大なボルタへ（*Al grande Volta*）」という言葉になったのだ。

この逸話はヴィクトル・ユーゴーが著書『ウィリアム・シェイクスピア』で語ったもので

あるが、その信憑性は疑わしいものだ。というのも、他の直接的な証言は、誰も耳にしたことがないからだ。

しかし、ボルタがナポレオンと親しかったことは事実であり、ナポレオンは、ボルタに科学アカデミーの勲章を与えた。さらには、1809年に成立したばかりのイタリア王国の上院議員に彼を任命し、なおかつ伯爵の称号をも与えた。

ボルタがごく当然のように尊敬された理由は、もちろん優れた科学の経歴によるが、その中でも電池の発明という功績が大きかった。

1745年、イタリア北西部の都市コモで生まれたボルタは、電気現象の分野で先駆けとなる花形研究者であった。彼が活躍する数十年の間にまさに、電気に関する体系的な科学研究が始まったのだ。ボルタは、イタリアとスイスの国境にまたがるマッジョーレ湖の近くの沼地で、メタンも発見した。

1799年には、化学反応を活用して、化学エネルギーを電気エネルギーに変換する、最初の発電機となる電池を考案した。ボルタ

アレッサンドロ・ボルタ
（1745年～1827年）

のこの発明の影響の大きさを理解するためには、世界のあらゆるところで使われる電池の量と、将来の電力産業における電池の役割を考えてみれば十分だろう。

ちなみに、1927年にボルタの没後100周年を記念し、アインシュタインはその功績をたたえ、この電池を「すべての現代発明にとって根本的な基礎」と定義づけたという。

世界の70億人が意味を知っている電圧「ボルト」

トリノのウンベルト一世通りの60番地には、「書くという日常行為を容易にした」人の生家を記念する石碑がある。それは、1914年にトリノで生まれ、後に家族と一緒にフランスに移住したマルセル・ビックである。

第二次世界大戦後、彼は、ボールペンを発明したハンガリーのビーロー・ラスローから特許を買い、ボールペンを製品化した。そして、それを基盤に、おそらく世界中で最もよく使われている筆記具のＢｉｃボールペンの大規模工業生産をフランスで開始した。

ビーローが考案したペンは、万年筆よりも機能が集約された優れたものであった。彼の名前を冠したこのペンには、頻繁にインクの補充作業をしなくても良いという特徴があり、すぐにイギリス空軍の目に止まった。インクが広がりやすく、飛行中の使用には適していなかった万年筆に代わり、このペンはパイロットが素早くメモを取るのに理想的だったため採用された。

しかし、ビックは、ビーローが為し得なかったほどに市場を広げた。ビックは、インクの残量をいつでも確認できる透明な筒などの改良を施し、大きな成功を収めたのである。

ビックとボルタの間には、もちろん、性格や人生の物語に関する点にはほとんど共通項が見当たらないのだが、世界中でその名を知られているというところに二人の共通点がある。名高い英国の新聞『ザ・ガーディアン』によれば、１９５０年代以来１０００億本以上のＢｉｃペンが生産されたと推定できる。これだけのペンがあれば、地球と月を結ぶ線を約32万回引くにも十分である。つまり、地球のほぼすべての住民が人生で少なくとも一度はＢｉｃペンを手にした、と言っても過言ではないだろう。一方で、Ｂｉｃペンという名称に足りない文字「ｈ」と発明者ビック（*Bich*）について考えたことがあるのは、間違いなくほんの少数の人に限られるだろう。

また、国際エネルギー機関（ＩＥＡ）は、世界の人口の約90％が電気を利用していると推定している。すなわち、少なくとも70億の人が「ボルト（volt）」について聞いたことがあるということだ。「ボルト」とは、電位差の測定単位であり、しばしば電圧のことを意味する。

まさに回路の二つの点の間に電位差があるために、電荷が、実用的応用においては電子が、回路自体に沿って移動し、電流を生成する。電球、ラジオ、パソコン、携帯電話、ジューサーなど、回路に接続されているデバイスを機能させているのは、電流である。

ちなみに、イタリア半島の背骨であるアペニン山脈に沿って電力を転送するには、最大38万ボルトが使われる。高い電位差によって、より効率的な転送が保証されるが、家庭で使用する場合、電圧は変圧器によって220ボルトに低減される。これは、はるかに管理しやすく、世界の大部分で一般的に使われている値である。もちろん、北米では120ボルトが使用されているなど、例外もある。一般的な単三電池は1・5ボルトの電位差を供給する。比較すると、自動車の電池は、12ボルトを供給している。

要するに、良くも悪くも、ボルトは、遅かれ早かれ、電力を必要とする者なら誰もが使わなければならない測定単位である。しかし、ビック（*Bich*）の場合と同様、ここでも、世界中の電力ユーザーの大多数は、ボルタ（*Volta*）の名前から一文字が省略されていることに気づいていない可能性があるだろう。

ボルトの起源を知っているかどうかにかかわらず、日常生活で電気について話すときには、ボルトは、おそらくキロワットアワー（kWh）とともによく知られている測定単位であるという事実に変わりはない。主に、安全上の理由から使われるのがボルト、経済的な理由から使われるのがキロワットアワー。キロワットアワーは、請求書で支払いを請求される電力の消費量を定量化するために使われる単位である。一般的な会話では、キログラム、メートル、秒と同様に広く使われるのは、ボルトの方である。

しかし、ボルトは、キログラム、メートル、秒の三つの単位に比べるとそれほど使われない。それは、この三つの単位は国際単位系の基本単位でもあるため、一般世間からも、そして同時に科学界でも注目を集めるのに対し、ボルトは国際単位系の基本単位ではないからである。

エッフェル塔に名前を刻まれたアンペール

ヴォルテールの名前の最後の数文字が削られたおかげで、ボルタが得た名声が単なる逸話であるとするのであれば、アンドレ＝マリ・アンペールの名声ははるかに盤石なものだ。

彼の名前は、エッフェル塔の一階のバルコニーの下に、他の71人の著名なフランス人科学者とともに、永遠の記憶として刻まれているからだ。１７７５年にリヨンで生まれたアンペールは、電磁気学研究の先駆者の一人であった。そのことを考えると、当然の待遇である。

彼は、実験物理学と数学の両方に優れていた。電磁界の理解のための礎となるような貢献をしたのは、彼の大きな功績である。アンペールの数学的能力は、若い頃の著作『賭け事についての数学的理論考察（*Considérations sur la théorie mathématique du jeu*）』にも表れている。この中でアンペールは、確率論に基づいて、賭け事においてはプレーヤーがディーラーに負ける運命にあることを示した。

また、エッフェル塔の鉄に刻まれた名声に加えて、アンペールは、数々の発見により、七つの国際基本単位の一つとされるアンペア（A）の名誉をも得た。アンペア（ampere）という呼称はアンペール（*Ampère*）の名前から生まれたもので、頭文字が小文字になり、アクセント記号が省略されている。

電気および磁気現象は、実際には電荷と電流に関連している。微視的レベルでは物質には電荷という特性があるが、巨視的レベルでは電荷が認識されることはめったにない。

原子について考えてみよう。メートルの章ですでに説明したように、原子は、陽子や中性子と呼ばれる粒子で構成された原子核と、ボーアの半古典的モデルにおける原子核の周りを周回する電子で構成されている。陽子と電子は質量が異なり、陽子は電子の約１８３６倍重いが、別の特性、電荷についても陽子と電子は異なる。陽子は正の電荷を持つ。電子も同じように電荷を持つが、それは負の電荷である。一方、中性子には電荷がない。

物質の多くの基本的特性の根幹はこうなっている。同じ符号の電荷を持つ粒子は互いに反発し、反対の電荷を持つ粒子は互いに引きつけ合う。個々の原子は等しい量の正電荷と負電荷を持っているため、マクロなレベルでこれをすべて確認することは困難である。したがって、通常、物体は電気的には中性である。

電荷が移動すると、電流が発生する。懐中電灯に電池を入れると、電位差（前述した1・5ボルト）によって電子が動き始め、銅線と電球の中を循環する。電球を灯すのはこの電流である。これは、冷蔵庫をコンセントに接続したときに、電気コードを通過し、冷蔵庫を機能させる電流と同様である。

アンドレ＝マリ・アンペール
（1775年～1836年）

電荷と電流は、遍在する電界と磁界の発生源である。そのため、物理学と技術の適用において、常に重要となる。よって、電気的現象の基本的な測定単位が、電流測定単位のアンペアであることは意外なことではない。アンペアは、一般の人の間ではそれほど知名度がないが、科学者の間では非常によく知られているのだ。

実際、家庭用電源プラグの二つの端子の間には、イタリアであれば、電源電圧である220ボルトがあり、携帯電話の電池を充電するためには5ボルトの電圧が必要なことを、ほぼ誰もが知っているのに、一般的な家庭用電化製品が稼働している最中は、数アンペアの電流を吸収しており、スマートフォンの回路に約0・1アンペアが流れていることを知っている人はほとんどいない。

それでも、電流測定のおかげで、漏電遮断器は、私たちの家庭の電気系統を保護し、ときには文字通り私たちの命を救ってくれるのだ（そのため、漏電遮断器はイタリア語で「*salvavita*（救命）」という名前でよく知られている）。そして近い将来、地球温暖化の緩和になくてはならない貢献をすることができるのは、数百万アンペアの電流だろう。核融合発電にはそれだけの電流が必要だからだ。

古代ギリシャですでに知られていた電流

「次に、ギリシャ人が（中略）『磁石』と呼んだ石が、鉄を引きつけるという自然の法則を説明しようと思う。この石は、小さないくつかのリングを引きつけて鎖を形づくり、それをぶら下がったままにすることがよくあるため、人間にとって大きな感嘆の対象である」

この一節は、『事物の本性について（*De rerum natura*）』第6巻から抜粋したものである。古代ローマの哲学者であるティトゥス・ルクレティウス・カルスが教えてくれるのは、紀元前1世紀当時、電磁気現象がどのような光景を見せていたか、である。同様の証言は、古代ローマの大プリニウスが著した百科全書『博物誌（*Naturalis historia*）』にも見られる。

電気と磁気の現象のいくつかが古代ギリシャ人によく知られていたことは、さまざまな資料によって確認されている。例えば、古代ギリシャの哲学者プラトンは『ティマイオス』（紀元前360年頃に書かれた）で次のように書いている。「このように、水の流れ、落雷、そして琥珀と磁石がものを引きつける力の驚くべき強さが説明される」

つまり、磁性石のことも、羊毛の布でこすった琥珀が軽い物体であれば引きつけることができることも、古代ギリシャでは知られていた。これは静電気力による現象で、今日でも物理学履修の学生に教えられている。

しかし、電磁気力が理解され、その説明が首尾一貫した理論に体系化されるまでには、それから少なくとも数千年が必要だった。18世紀から19世紀にかけて、ボルタ、アンペール、エルステッド、クーロン、ファラデー、マクスウェルといった科学者が、電気と磁気、そし

ジョヴァンニ・ジョルジ
（1871年〜1950年）

てそれぞれの発生源である電荷と電流を研究した。そして、四つの基本的なマクスウェル方程式が導き出され、電界とその発生源の関係の理解を確立するに至った。

このように、長さ、時間、および質量の単位に比べると、電磁気量の測定単位の確立は遅れた。しかしそれは不思議なことではない。メートル、キログラム、秒の最初の定義は1000年の経験に基づいていたが、電磁気学は当時まだ若い科学であったことを忘れてはいけない。電気現象と磁気現象を測定するための単位は、現象の体系的な理解が進むのとほぼ同時に考え出されたという違いがあるのだ。

1800年代後半から電気の単位についての議論が始まったが、一般的な合意はなかなか得られず、その後もさまざまな提案が相次いだ。

中でも非常に重要なのは、1871年イタリアのトスカーナ州北西部ルッカ生まれの工学者、ジョヴァンニ・ジョルジの貢献だった。彼は、1901年に、「電磁気学の合理的な単位（*Unità razionali di elettromagnetismo*）」という題名のレポートをイタリア電気技術協会に提出し、メートル、キログラム、秒の測定単位に、電気現象に関する基本的な測定単位を加えて、測定システムを改定すべきだと提案した。その後、彼の提案は受け入れられ、最適な単位を定めるという困難な仕事が始まった。

そして、１９４８年の第9回国際度量衡総会で、電流の単位が基本単位として選択された。これは、１９６０年の国際単位系の定義への重要な一歩だった。

ただし、アンペアの定義は複雑で、実践に移すのは難しかった。その定義は、基本的にはアンペールの実験に基づいており、アンペール自身は、１７７７年から１８５１年まで生きたデンマークの物理学者ハンス・クリスティアン・エルステッドから着想を得ていた。

しかし、電流解明の歴史は、エルステッドのそれよりさらに、少なくとも７００年前に中国で始まったとされている。

「電流がものを引きつける」という大発見

万里の長城が建設されていた時代、つまり紀元前3世紀、中国の人々は、絹の糸に吊るされた磁石が、常に同じ方向を向いていることを知っていた。この器具は方位磁針の前身だったが、当時は、未来を予測する占いの手法として使われていた。それが方位を定めるための重要な補助器具になるまで1000年以上待つ必要があった。

イタリアの電気工学者マッシモ・グアルニエリが『IEEE インダストリアル・エレクトリックス・マガジン』という学術誌に掲載された論文で述べているように、方位磁針は、11世紀初頭の数十年から、最初は陸上での軍事目的に使われ、その後、海上航海に使われた。航海はそれまで星を頼りに方位付けをしていた。

一方ヨーロッパでは、1190年にイギリスの磁気学者、哲学者、神学者であるアレクサンダー・ネッカムの『諸物の本性について（*De naturis rerum*）』において方位磁針が初めて文献に記されたが、それが中国から旧大陸にもたらされたのか、旧大陸で独自に開発されたのかは未だに明らかではない。

今日、私たちは、方位磁針の針をつくっている磁性素材が、地球の磁場によって力を受け、常に南北方向に配向する傾向があるため、方位磁針が機能することを知っている。それには磁場が影響していることは明らかだが、地球の磁場の起源はまだ完全にはわかっていない。確かに、それが地球の溶融金属の中心を流れる電流によるものであることも知られている。しかし、電流がそれ自体を維持するメカニズムはまだ謎である。

もう少しよく知りたい人は、カリフォルニア大学サンタクルーズ校のゲイリー・グラッツマイヤーによるコンピューターシミュレーションの画像をインターネットで検索して欲しい。これは、まるで巨大なボウルに入ったスパゲッティのように地球内部の磁場を表している。

磁場の発生源に電流があることを示した実験は、ハンス・クリスティアン・エルステッドの功績である。１８２０年、エルステッドは、電気と磁気の現象について公開実験の講義を行っていたときに、電流が通る電線に近づくと方位磁針の針が動いたことに驚いた、と言われている。

よくあることだが、この逸話は歴史的事実に忠実ではないようだ。オンラインで入手できる『ボルタと電気の歴史（*Volta and the History of Electricity*）』という本で、ブラジルの物理学者ロベルト・デ・アンドラーデ・マルティンスが、簡略化された逸話と比較して、科学的発見が実際どれほど複雑であるかを示しているのは興味深い。しかし、それ以前は、電気（ここでは電流が通過する電線で表される）と磁気（方位磁針の針）は互いに完全に無関係な二つの現象として説明されていたため、そのときエルステッドが観察したことが驚くべきものであったことに疑う余地はない。

エルステッドが新たに示したのは、磁場を発生させるのは電流であることだ。

エルステッドの発見のニュースは急速に広まった。そして、この発見を確認し、掘り下げる重要な実験を行って、それを説明する理論を発展させたのが、アンペールだった。

アンペールはさらに、磁針が電流を流す電線の近くにあるときに力がかかるだけでなく、針を電流が流れる別の電線に換えても同じ現象が起きることを発見した。これらの発見のすべてが、専門家にとっての単なる学問的な余談だとは思わないで欲しい。磁場によって電流に加えられる力の原理は、例えば洗濯機などの電気モーターにも使われているのだ。背後にどれだけの科学知識があるかを考えると、汚れた洗濯物のかごにもまったく違う魅力を感じてもらえるだろう。

ハンス・クリスティアン・エルステッド
（1777年～1851年）

アンペールは、通電する二本の電線間の力の量を、その間の距離の関数として定めることに成功した。その結果は、2019年まで使われていた電流の測定単位としてのアンペアの定義の根幹となった。が、それは、客観的に言っても、面倒で非現実的な定義である。

アンペアは、実際、1メートルの間隔で平行に配置された無限に長い二本の導線をそれぞれ流れる電流の強さで、各導線1メートルあたり1000万分の2（2×10^{-7}）N（ニュートン）の力を及ぼし合って引き合うときの電流である。怖がらないで良い。ここで詳細に立ち入る必要はない。要するに、この複雑な文言が言っているのはこうだ。

同じ電流が通る二本の長い電線を1メートルの距離に置き、電線がお互いを引きつける力を測定する。そしてある決まった強さの力で引き合うとき、二本の電線にはまさに1アンペアが流れていると定義する。この力は、電線1メートルあたり1000万分の2Nにあたる。

そして、ここに実践的な困難の一つ目がある。それは、1000万分の2Nが非常に小さな力であることだ。わかりやすく比較できる例を出すと、70キログラムの人の重力、または地球がそれを引きつける引力は、約700Nである。また、コーヒーカップを口に運ぶには、およそ1Nの力が必要である。

実践的に難しい理由の二つ目は、定義によれば、電線は無限に長くなければならないからだ。特にアンペアは、電気量であるにもかかわらず、機械的に、つまり「力の大きさ」によって定義される。力の測定単位であるNは基本単位ではなく、国際単位系の質量の単位であるキログラムから導き出される。しかし、既に述べたように、セーヴルに保管されているキログラム原器の値は時間の経過とともに変化し、それから導き出される単位の精度に限りがある。

要するに、実践的にも理論的にも、2019年まで有効だったアンペアの定義は満足のいくものではなかったということだ。

この問題を解決するために、私たちはもう一度自然の柱である別の基本定数に目を向けた。それは、電気素量の値である。

この章の冒頭で、原子は陽子、電子、中性子で構成されていることを確認した。陽子と電子は同じ電荷を持つが、陽子は正の符号を、電子は負の符号を持つ。この電荷は素量と呼ばれる。電荷が電気素量の倍数ちょうどの量でのみ自然界に存在するからである。例えば卵のように。スーパーマーケットのパッケージ、卸売業者の箱、トラックなど、卵がいっぱい入った容器を考えてみて欲しい。それがいくつあっても、常に最小基本単位の倍数になる。充電についても同様だ。リネンのジャケットの袖にプラスチック製の櫛(くし)をこすりつけると、古代の琥珀のように、充電されて小さな紙片を引きつけることができる。櫛に付着した電荷がどれほどであれ、それは常に電気素量のちょうど倍数になる。

電気素量の値はeで示される。これは普遍定数であり、e＝1・602176634×10^{-19}クーロン（C）である。

クーロンは、電荷の測定単位である。国際単位系では、それは別のものから派生した測定単位であり、基本単位ではない。その名は、1736年生まれのフランスの物理学者シャルル＝オーガスタン・デュ・クーロンにちなんでいる。クーロンも、エッフェル塔の台座の72人の科学者のリストに入り、不朽の名声を手に入れた。

その値からわかるように、電気素量は１クーロンに比べると非常に小さい。実際、１クーロンをつくるには、約６００京（正確には６・２４１５０９０７４４６×10^{18}であり、１・６０２１７６６３４×10^{-19}の逆数）という膨大な数の電気素量が必要である。これを、便宜上N（膨大な数）と呼ぼう。

本章の冒頭では、また、電流が電荷の動きに関係していることも述べた。正確には、電線を通る電流は、１秒間に電線の断面を通過する電荷量（クーロンで測定）として定義される。

シャルル＝オーガスタン・デュ・クーロン
（1736年～1806年）

よって、２０１９年に承認された新しい定義によれば、アンペアの測定単位は、１秒あたりのN（膨大な数）の電気素量の通過量に相当する。こうして、アンペアについても、人間が作った人工物（電線、物体など）から解放され、最終的には自然の普遍的な定数のみに依拠するようになったのである。

冷戦中の米ソをも引き寄せあう「電流」

1985年11月21日、二人の人物が米ソ首脳会談の閉会式に登場したとき、「お二人の化学反応は明らかでした。どちらも相手に対し落ち着いてリラックスした態度で、笑顔と使命感で対応し、あらゆることが起こりました」と紹介された。二人とは、ミハイル・ゴルバチョフとロナルド・レーガンである。当時二人はそれぞれソ連の書記長と米国の大統領であり、二つの超大国の首脳会談のために、ジュネーブで初めて会見した。

会議の説明をしている冒頭の言葉は、ジョージ・シュルツ米国務長官のものである。両首脳は、冷戦中の軍拡競争について、主として核兵器の削減の可能性について話し合った。ジュネーブで開催されたこの会議は、6年以上ぶりの米ソ首脳会談だった。この時期は、核弾頭の数が急増し、米ソ間の戦略的関係と世界のバランスが「相互確証破壊（MAD）」の教義のうえに成り立っていた。この教義によると、二国のうち一方が他方に攻撃を開始した場合、その国が反応し、結果として生じる核戦争が両国を破壊するだろうということだった。

この会談では具体的な核兵器対策に関する明確な進展は見られなかった。それにもかかわらず、ジュネーブ首脳会談は米ソ関係のターニングポイントになった。核兵器の削減はここから始まり、それは現在まで続いている（地球上にはまだ約9500発の核弾頭があるため、安心するところではないが）。

軍備に関する議論に加えて、二人の国家元首は原子力の平和利用についても話し合った。会議を締めくくった公式声明は、「両首脳は、平和目的のための制御された熱核融合を利用することを目的とした研究の潜在的な重要性を強調し、これに関して、全人類の利益のために、本来無尽蔵であるこのエネルギー源を得るために、国際協力を可能な限り幅広く発展させることを提唱した」というものであった。

この約束はすぐに、核融合の研究のための主要な国際プロジェクトであるITER（イーター）（国際熱核融合実験炉）の立ち上げにつながった。そして1年後、欧州連合（EU）、日本、ソ連、米国の間で、実験炉を共同で設計するという政治的合意に達した。2003年には中国と韓国がプロジェクトに参加し、2005年にはインドがそれに続いた。

しかし、ミハイル・ゴルバチョフとロナルド・レーガンが立派な意志を表明したにもかかわらず、ITERの建設開始を可能にする協定が正式に結ばれ発効したのは、約20年も後の2007年だった。このことは、世界の経済大国が、化石燃料に代わる、二酸化炭素を含まない代替電力の生産源を見つけることがいかに困難だったかについて多くを語っている。

トカマク型の原子炉
（写真は、プリンストンの巨大トーラス）

ＩＴＥＲの建設は、南フランスのエクス・アン・プロヴァンス近郊で現在急速に進んでおり、重要な結果は２０３０年以降出始めるだろう。この原子炉の大きさの規模は10階建ての建物と同じくらいの高さであり、その目標は、制御された熱核融合の科学的および技術的実現可能性を実証することである。ＩＴＥＲは、核融合反応からその操作に必要な電力（５０００万ワット）の10倍（５億ワット）の電力を生成する必要がある。また、次の決定的な一歩の基礎となる、大規模な発電の可能性を実証できるＤＥＭＯ（原型炉）と呼ばれる実験用原子炉を建設する任務を負う。すべてが計画通りに進めば、ＤＥＭＯが今世紀後半に核融合を実現に導き、環境危機の長期的解決のために人類に重要な貢献をしてくれるだろう。

ＩＴＥＲは、前章の終わりで述べた、核融合の研究のための実験炉であるドーナツ型のトカマク型のカテゴリーに属している。その仕組みの基礎には、プラズマ（原子炉に閉じ込められている非常に高温のイオン化ガス）に流れる電流と磁場がある。

基本的に、トカマク型原子炉では、核融合反応とその結果としてのエネルギー放出がプラズマ内で起こる。太陽の内部温度の約10倍の1億5０００万K規模の温度に加熱し、原子炉自体の金属壁と相互作用させることなく、安定した着実な方法で内部に閉じ込める必要がある。でなければ性能が大幅に低下する。閉じ込めは、圧力変動による膨張力と電磁力のバランスを取ることによってできる。

これは車のタイヤの状況に似ている。内部の空気の圧力は約2気圧で、外部の2倍である。タイヤ内の高圧空気の閉じ込めは、機械的方法、すなわち弾性材料の空気室によって行われる。タイヤ内外の圧力差から生じる膨張性の力に対抗する力を及ぼすのはまさにこれである。トカマク型原子炉でも同様である。実験炉の中央にある高温プラズマは、端よりも高い圧力になっており、拡大傾向に対抗するには、バランスを取る力が必要である。

理論的な観点からすれば、この問題は比較的単純である。キログラムの章で見たように、ニュートンの基本法則（$F = ma$）によれば、物体とそれが置かれている環境との相互作用、つまり力Fがわかれば、加速度aを導き出せる。そして、本質的に運動について知ることができる。この方程式は、物体に作用するすべての力の合計がゼロでなければならず、その結果、その加速度と速度もゼロでなければならない静的平衡の状況でも有効である。そのため、プラズマの閉じ込めを研究するためにも適用される。

これには、圧力の膨張力に対抗する力を見極める必要がある。この力は、プラズマの内部に電流を流すと同時に、プラズマ自体に磁場をかけることによって得られ、解の数式は、比較的簡潔で美しい上の方程式（式12）で表される。

$$\nabla p = \vec{J} \times \vec{B}$$

（式12）
プラズマと磁場の関係性を示した方程式

左側の∇pという記号は、プラズマの圧力による力を示している。これは、プラズマに流れる電流$\vec{J}$と磁場$\vec{B}$間の相互作用から発生する圧力によってバランスを取る必要がある。

科学で時々あることだが、美しい方程式を実践するには、並々ならない工学的努力が必要となる。ＩＴＥＲの場合は間違いなくそうである。そのプラズマに流れる電流は、実際には１５００万アンペアである。ちなみに、これは、通常のキッチンの電気オーブン回路を流れる電流の１００万倍以上である。このような電流、必要な磁場、プラズマとさまざまな補助部品を封入する超高真空容器をつくるには、最先端の技術が必要である。例えば、磁場は、ケルビンの章で説明した超伝導の原理を使う磁石によって形成される。そして、ＩＴＥＲの構造には、エッフェル塔を構築するために必要なだけの鋼が必要である。「イタリア製」の新しい実験ＤＴＴは、核融合の実用化に向けた取り組みになくてはならない貢献をするだろう。ＤＴＴというのは、「ダイバータ・トカマク・テスト（Divertor Tokamak Test）」施設の頭字語である。

これは、ローマのフラスカーティ（ローマの基礎自治体）のＥＮＥＡ（イタリア新技術・エネルギー・持続的経済開発機構）研究所で考案され、そのほかにも、イタリアの大学、研究機関、ＥＮＩ（イタリアの石油・ガス会社）の研究者たちも参加して設計された高度技術の集合体である。フラスカーティ、パドヴァ、ミラノに研究所があり、他にも多くの研究グループがあるイタリアは、核融合研究の最前線にいる。

ＤＴＴの心臓部は、直径約6メートルのドーナツ型の鋼である。その内部では、プラズマがつくられ、大きなトカマク型実験炉でこれまでに達成された最高値の一つである6テスラの磁場によって閉じ込められ、最大の性能で約7000万Ｋの温度に達する。

ＤＴＴの主な目的は、核融合炉から出てくる強力な電力の流れを研究するための核融合のイノベーション・ラボになることである。実際には、プラズマのエネルギーのかなりの部分がダイバータというトカマク型実験炉の周辺領域に運ばれる。現在の実験では、ダイバータに放出される電力の流れは比較的小さな表面に集中しており、単位面積あたりの熱負荷は、太陽の表面の熱負荷と同じか、それよりも大きい。これは、ＤＴＴが解決策を見つけなければならない、核融合開発のための明らかに「ホット」な問題だ。

現在では「電流」が生死を分ける

ソ連の物理学者であり、核融合の偉大な先駆者の一人であるレフ・アルツィモビッチは、「核融合エネルギーがいつ利用可能になるか」という質問に、「社会がそれを必要とするそのときに核融合は利用できるようになっているだろう」と答えた。

弁証法的挑発にもかかわらず、アルツィモビッチの答えには大きな真実が含まれている。

産業革命から始まり、第二次世界大戦後の経済ブームとともに、世界の豊かな地域では開発が進んだ。その際には、資源は本質的に無限だと想定して、化石燃料によってこれまで以上に大量のエネルギーを変換し、環境への影響を考慮しないモデルで経済を発展させてきた。

こうした選択の結果が、今や誰にでも見えるようになっている。気候変動危機が激化し、それに伴って化石燃料資源は確かに無限ではないという認識が高まり、そして中東での戦争はそれを証明している。

気候変動によって、私たちの生活に毎日引き起こされている問題がますます深刻になる一方で、幸いなことに環境問題への感心が高まり、持続可能な新しいモデルのエネルギー開発が、緊急の最優先事項であることが確認された。

核融合、そして一般的には再生可能なエネルギー源と電池の研究とそのための投資が非常に重要な役割を果たすだろう。将来の原子炉では、水素の二つの同位体、重水素とトリチウムの間で核融合反応が起こり、ボトル1本の水に含まれる重水素が500リットルのディーゼルと同じエネルギーを生成できるだろうと覚えておくだけで十分だ。それは車で1万キロメートル移動するのに十分なエネルギーである。

しかし、エネルギー問題には、先進国に住む私たちが忘れがちな「エネルギー貧困」という別の側面がある。

この章の冒頭で、世界人口の90％がどのように電気にアクセスできているか述べた。壁のコンセントにプラグを差し込むという簡単な動作で、70億人の人々が、家電製品、車や携帯電話のバッテリー、暖房および空調システムで電流を流すことができる。また、手術室や病院のインキュベーター、食品の保存を可能にする冷蔵庫、水をくみ上げるポンプなどにも電気は使われている。何も気に留めないような当然の動作だが、それは生活の質を劇的に変えるものだ。

だが、電気を利用できない人が世界人口の10％、7億7000万人いる。さらに、調理器具を利用できない人が28億人もいるのだ。料理をするとき、私たちはガスや電気オーブンのスイッチを入れることに慣れている。一方、何十億もの人々が木や糞(ふん)などのバイオマスを使っており、閉鎖された換気の悪い場所でこうした燃料を燃焼させることが多いため、粒子状物質による汚染が強く、長い時間家にいる人、特に女性と子供の健康に深刻な影響を及ぼす。毎年約670万人が大気汚染で亡くなっているが、多くの場合、こういうことが原因である。

電気が利用できることは水の供給にとっても重要である。電気がなければ、道具を使って水を抽出、浄化、分配することはできない。そのため、水は直接外へ汲(く)みに行く必要がある。最貧国では、この仕事を行うのに必要な時間は膨大であり、また女性と子供が最も苦しんでいる。ユニセフの調査によると、マラウイでは、女性は水を汲むのに1日平均54分かけているのに対し、男性は6分だけである。そして電気がなければ冷蔵もできない。低温物流システムがなければ、医薬品、ワクチン、食品を保存することは不可能であり、悲劇的な結果を伴うことを意味する。

電流は生と死を分けることがあるのだ。

アフリカ大陸からはるか遠いヨーロッパの地へ向かうためにゴム製のボートで海へと挑ん

だり、敵対的な国々や人々を寄せつけない地域を何ヶ月も歩いたりなど、国境で入国を拒否されることが多い絶望的な大勢の移民の姿を目にするとき、プラグをコンセントに差し込むことのできる幸運の意味を少し考えてみよう。そして、今日においても、数アンペアが世界の北側を南側から隔てていることを。

第6章

モル

化学を扱いやすい
ものにした
「束」

メンデレーエフの周期表こそが最も高貴な詩である

「私はある化学工場の化学実験室で化学者として働き（このことも本に書いた）、食べるために盗みをしていた。もし子供のときに始めないなら、盗みを学ぶのはやさしいことではない。私は道徳上の戒律を押さえつけ、必要な技術を身につけるのに何ヶ月もかかった。私はある時点で、良家出身の学士である私が、ある有名な育ちのいい犬の後退―進化を追体験していることに気づいた（それには、一瞬の苦笑いと、野心が満たされたかゆみのような感覚を禁じえなかった）。その犬はヴィクトリア女王時代の、ダーウィン流の進化論に従った犬で、故郷から連れ出され、アラスカのクロンダイクの、彼にとっての「強制収容所（ラーゲル）」で、生きるために泥棒になった。つまり『荒野の呼び声』の主人公のバックだ。私はバックのように、狐（きつね）のように盗んだ。好都合な時は必ず、陰険な狡智（こうち）を発揮し、身をさらし出すことはしなかった。仲間のパン以外は、ありとあらゆるものを盗んだ。

　盗んでもうかるものという観点から見ると、その実験室はくまなく探訪すべき処女地だった。たとえばガソリンやアルコールといった、ありふれた、不都合な獲物があった。多くのものが作業場の様々な場所でそれを盗んでおり、供給量も危険も大きかった。というのは、液体で、容器が必要だったからだ。これは化学の専門家なら誰でも承知している、包装という大問題だった。創造主はこれをよく心得ていて、彼なりに、素晴らしいやり方で解決していた。細胞膜、卵の殻、みかんの房、そして人間の皮膚。なぜなら我々人間も液体だからだ。当時はポリエチレンはなかった。もしあったら、軽くて、柔らかくて、見事なほど液体を通さなかったから、私には好都合だったろう。だが絶対に腐敗しないので、創造主自身も、重合の大家ではあったが、そんなわけでその認可は控えたのだった。創造主は腐敗しないものを好まないのだ」（プリーモ・レーヴィ著／竹山博英訳、『周期律』、工作舎、１９９２年、２１６頁〜２１７頁）

プリーモ・レーヴィ
（1919年〜1987年）

この一節は、イタリアの化学者であり作家であるプリーモ・レーヴィの『周期律』から抜粋したものである。これは化学と生命に関する素晴らしい本だ。これまでに書かれた科学書の中で最高傑作だ、と考える人も多い。

ユダヤ人のレーヴィは、１９３７年にトリノ大学の化学科に入学した。化学とは、物質

Reihen	Gruppe I. — R^2O	Gruppe II. — RO	Gruppe III. — R^2O^3	Gruppe IV. RH^4 RO^2	Gruppe V. RH^3 R^2O^5	Gruppe VI. RH^2 RO^3	Gruppe VII. RH R^2O^7	Gruppe VIII. — RO^4
1	H=1							
2	Li=7	Be=9,4	B=11	C=12	N=14	O=16	F=19	
3	Na=23	Mg=24	Al=27,3	Si=28	P=31	S=32	Cl=35,5	
4	K=39	Ca=40	—=44	Ti=48	V=51	Cr=52	Mn=55	Fe=56, Co=59, Ni=59, Cu=63.
5	(Cu=63)	Zn=65	—=68	—=72	As=75	Se=78	Br=80	
6	Rb=85	Sr=87	?Yt=88	Zr=90	Nb=94	Mo=96	—=100	Ru=104, Rh=104, Pd=106, Ag=108.
7	(Ag=108)	Cd=112	In=113	Sn=118	Sb=122	Te=125	J=127	
8	Cs=133	Ba=137	?Di=138	?Ce=140	—	—	—	— — — —
9	(—)	—	—	—	—	—	—	
10	—	—	?Er=178	?La=180	Ta=182	W=184	—	Os=195, Ir=197, Pt=198, Au=199.
11	(Au=199)	Hg=200	Tl=204	Pb=207	Bi=208	—	—	
12	—	—	—	Th=231	—	U=240	—	— — — —

メンデレーエフの周期表

を研究する科学である。物質がどのようにつくられているか、その構造、構成物質の特性と変化、そして物質がどのように反応するか。化学は、私たちの生活の至るところにあり、見ること、触れること、聞くこと、嗅ぐこと、味わうことにある。

文系の高校生だったレーヴィは化学に魅了され、そのことを『周期律』の有名な別の一節で次のように記した。「私が当時ももやもやと暖めていた考えを説明しようとすると、彼はびっくりした。人間が何万年もの間試行錯誤を繰り返して獲得した高貴さとは、物質を支配するところにあり、この高貴さに忠実でありたいからこそ、私は化学学部に入学した。物質に打ち勝つとはそれを理解することであり、物質を理解するには宇宙や我々自身を理解する必要がある。だから、この頃に、骨を折りながら解明しつつあったメンデレーエフの周期律こそが一篇の詩であり、高校で読みこんできたいかなる詩よりも荘厳で高貴なのだった」

（同掲書、67頁）

残念ながら、私たちの文化においては化学に対する過小評価が続いている。そのため、レーヴィの言葉の力を十分に理解することはできていないのかもしれない。だが、確かにメンデレーエフの功績は偉大だったのである。

元素の周期表は、ヨーロッパで化学が生まれた1700年から1800年の間に作成が始まった、人間の崇高な思考の構造である。化学は古代錬金術から生まれたにもかかわらず、その頃、ようやく過去の魔法のオーラから解放された。化学は実験的手法を適用し、それ以前の数世紀に得られた知識を進歩的に分類し体系化することが可能になり、近代科学となった。そして、原子物理学構築の基礎を築いた。

化学者は新しい元素を発見し、その特徴を明らかにし、分類した。18世紀後半には、フランスの化学者アントワーヌ・ラヴォアジエが33の元素を識別し、提唱した。元素の定義はその後さらに変化したため、この時代に元素と識別されたものの一部は現在の元素の定義からは外れるが、19世紀の終わりにはすでに約70の元素が知られるようになった。今日では、118の元素が知られている。そのうち92は自然に存在する元素で、残りは人工的につくられた元素である。

そして、ロシアの化学者ドミトリ・メンデレーエフ（1834年～1907年）の功績によって転機が訪れた。彼は、１８６９年に周期表を提案し、系統立ったわかりやすい方法で元素を相互に関連づけた。原子量、つまり元素の一部である陽子の数に基づいて、元素を行と列に並べたのである。

ドミトリ・メンデレーエフ
（1834年～1907年）

　最初は混沌（こんとん）としていたパズルのピースの山から一枚の絵の姿が現れ始めたときのように、元素をこのように配置することで、予想もされなかった元素間の関係を明らかにした。そして、新しい研究に向けて化学者を奮い立たせたのだ。

　また、メンデレーエフは空欄になっている部分があることを気にしなかった。むしろ、まったく逆である。他の偉大な科学者たちと同様に、彼は、疑問や無知を恥ではなく、資源と考えたのである。原子量に対応する元素がなく空いている部分はそのまま残しておくべきと考えた。その空欄が、該当の元素がまだ発見されていないことを示唆しているからである。

　彼の分類は、化学になくてはならない貢献をした。元素の新しい特性を説明し、元素がさまざまな形で形成され、互いに組み合わされていることを示した。そして、決まった数の元素を想定したのだ。

今日、周期表の元素は、１９０９年から１９１３年の間にオランダのアマチュア物理学者であるアントーニウス・フォン・デン・ブルークによって行われた研究によって、原子番号に従って分類されている。

１９６０年代のプラスチックの発明

プリーモ・レーヴィの話に戻ろう。イタリアにも人種法はあったが、レーヴィは１９４１年に大学を卒業し、ユダヤ人であっても仕事を見つけることができた。しかし、反ユダヤ主義が高まる中、１９４２年には地下行動党に加わり、１９４３年9月8日の第二次世界大戦におけるイタリアの降伏以降、彼はイタリア北西部のヴァッレ・ダオスタで活動するパルチザン団体に加わった。

数ヶ月後の12月13日、レーヴィの身柄は、ブリュソンでファシストの手にわたった。ファシストは彼のレジスタンス活動を把握していなかったが、彼をユダヤ人と特定した。レーヴィはまず、イタリア北東部のフォッソーリ強制収容所に送られ、１９４４年にアウシュビッツ＝ビルケナウ絶滅強制収容所に監禁された。

化学の学位を持ち、大学では教科書を読むためにドイツ語を少し勉強していたため、レーヴィは助手として役に立つとみなされた。おそらくそれが、彼の命を救うことになったのだろう。

著書『これが人間か』で述べているように、「この虚ろな顔、剃り上げた頭、恥ずかしい服装」（プリーモ・レーヴィ著／竹山博英訳『改訂完全版　アウシュビッツは終わらない　これが人間か』、朝日新聞出版、2017、130頁）で、レーヴィはナチス将校の前で「化学の試験」を受けた。彼は、専門家を集めた化学部隊としても知られる98部隊に採用され、その後、収容所近くの化学工場で働いた。

また幸運にもレーヴィは、この章の冒頭で述べているように、仕事場で食料を盗んだり、強制収容所の闇市場で物々交換したりすることで、食料を入手することができた。そして、1945年1月に収容所が解放されるまで、どうにか生き延びたのである。

そんな状態に置かれたプリーモ・レーヴィにとって、ペットボトルが1本あるだけで、どれだけ助かったことだろうか。

高名なウェブサイト「statista.com」によると、小さいサイズ（500ミリリットル）のペットボトルは、2021年に世界で5830億本が生産された。この数は、1ヶ月あたり

４９０億本、１日あたり16億本、１時間あたり６７００万本、１分あたり約１００万本に相当する。この1分間に生産される本数のボトルを一列に長く上につなぎ合わせると、地球から国際宇宙ステーションに届く高さになるほどだ。

これは、非常に大量のプラスチックである。他の目的のために製造されたものと合わせれば、１９５０年代から今日までの間に累積で約85億トンのプラスチックが生産され、そのほとんどはまだ私たちの手元にある。

プラスチックは、生物分解に非常に長い時間がかかる。このように、人間以上に寿命の長い素材を世界規模で生産し、消費してきたのは、歴史上初めてのことである。

唯一望みが持てるのは、それをリサイクルすることだ。しかし、これは最近行われるようになったばかりであり、プラスチックのリサイクル率はまだ非常に低い。

そのため、第二次世界大戦後、大規模に製造を開始して以来、プラスチックは蓄積されてきた。累積85億トンのうち、65億トン以上が陸と海に散在し、地球を汚染している。影響力のある雑誌『ナショナル・ジオグラフィック』が報じているように、海には5兆２５００億のプラスチック片が蓄積されていると推定されており、そのほとんどは水面には浮かばず、深い海に沈み、環境に壊滅的な影響を及ぼしている。

この深刻な緊急事態を、私たちはようやく時間をかけて少しずつ認識してきたが、レー

ジュリオ・ナッタ
(1903年～ 1979年)

ヴィは1975年に『周期律』を書いたときにはすでに、予言的に示唆していた。

あの頃は、世界中がプラスチックに恋をした時代だった。軽くて、強度、耐性に優れ、着色でき、耐久性がある。後から考えると耐久性があり過ぎたのだが、プラスチックは現代文明と経済ブームの象徴の一つになった。イタリアの化学界は、この新しい素材の開発の主役となった。イタリアの化学者ジュリオ・ナッタは、アイソタクチックポリプロピレンを発明し、1963年にノーベル賞を受賞した。

この素材は、1960年代の私たちの家庭に革命をもたらした。ユダヤ人強制収容所に、プラスチックの中で最も一般的で、柔軟で軽量で高い防水性のあるポリエチレンがあれば、レーヴィにとって非常に役に立っただろう。特に、「ペット」という周知の略語で呼ばれるポリエチレンテレフタレートは、ボトルの他、食品包装に広く使われている熱可塑性樹脂である。しかし、それをさりげなく皮肉って、レーヴィは「あまりにも腐食しなさすぎる」と叙述している。この物質は、自然界で生分解するのに何百年もかかるのだ。

環境問題の解決は、科学を「知ること」から始まる

イタリア語では、形容詞「*nucleare*（核の）」のように、名詞「*plastica*（プラスチック）」も、今日では悪評が高い。核とプラスチックを直感だけで悪者のように扱うことで、私たちの気持ちは軽くなるかもしれない。しかし、世界規模に広がる複雑な問題の解決にはほとんどつながらない。

核医学は、現代医学にとって極めて重要な成果であり、核エネルギーは必然的に、持続可能な二酸化炭素フリーのエネルギー資源に必要な要素となるだろう。同様に、プラスチックは、さまざまな用途において生活の質を向上させた。

例えば、プラスチック製の注射器、袋、カテーテル、メスなどが病院で使われ、衛生状態と医療効果がどれほど向上したかを考えてみて欲しい。医薬品や食品の無菌保管での使用。オートバイや自転車用のヘルメット、チャイルドシート、エアバッグの製造。車やその他一般的な輸送手段を軽量化し、その結果、燃料消費量とその結果としての二酸化炭素排出量を

削減する、などの効果もある。

問題は、プラスチックそのものではなく、使い捨てという私たちの行為である。使い捨てるのは、この素材の命が半永久的であることと真っ向から矛盾している。プラスチックが悪いのではないが、例えば、スーパーマーケットでわざわざオレンジの皮を剥いてラップで包装して売ったり、使用後数分で捨てられてしまう水のペットボトルを大量に製造したりして、無駄な包装資材を使って、容器を再利用しないのが問題なのだ。

責任は私たちにある。特に、地球の豊かな地域に住む私たち全員の責任である。人間としての私たちの行動は、地球と環境に毎日影響を与えている。行動の一部は役に立つが、そうでないものもある。

私たちを救うことができるのは、責任ある個人や集団の行動。そして、科学だけである。特に化学は、環境のより適切な保全や、持続可能な開発に大きく貢献することができる。それにはまず、科学情報の普及が重要である。情報が広まれば広まるほど、そして、単なる伝聞や都市伝説によってではなく、確かな情報によって問題認識が培われるほど、個人の行動も共同体の政策も環境保全と資源の循環にもっと広く配慮するようになるからだ。

そしてもちろん、研究を行うことだ。

知ることは重要である。例えば、次のページのメタンの燃焼を説明する（式13）の化学式を考えてみよう。一見難しそうだが、落ち着いて読むとたくさんの情報が明らかになる。

燃焼は急速な化学的酸化プロセスであり、その間に燃料は、酸化剤という酸化を促進する薬剤と反応する。この酸化により物質は電子を失い、その電子は酸化剤と結びつく。燃焼の場合、酸化剤は通常酸素であるが、燃料は天然か人工の気体、液体、または固体である。燃料に蓄えられた化学エネルギーは、熱エネルギー（炎に伴う熱）に変換され、多くの場合、電磁放射（光）にも変換される。

さらに詳しく説明すると、（式13）は、メタン（CH_4）の分子が炭素原子（C）と四つの水素原子（H）で構成されていることを示している。そして、メタンの燃焼には酸素（O_2）が必要であることを確認できる。

$$CH_4 + 2\,O_2 \rightarrow CO_2 + 2\,H_2O$$

（式13）
メタンの燃焼を説明する化学式

ろうそくの火の上にグラスを逆さまに被（かぶ）せて酸素を消費すると火が消えるという、子供の頃に行った実験を覚えていない人はいないだろう。さらに、酸素が不足している状態で燃焼が起こると、非常に危険で有毒な一酸化炭素（CO）も発生する。

最後に、この式は、メタンを燃焼させると

必然的に二酸化炭素（CO_2）と水（H_2O）が生成されることを明示している。そしてここが問題である。

メタンは化石燃料であり、すべての化石燃料（石炭、ガス、石油）がそうであるように、炭素を含んでいる。

「化石の」という意味の形容詞はラテン語の「*fossilis*（化石）」に由来する。「*fossilis*」自体は掘るという意味の動詞「*fodere*」から派生しており、掘ることによって得られるものを示す。つまり、「化石の」という用語は、一般的に、過去の時代に生き、地殻に組み込まれた植物または動物の残骸を指す。

私たちの世界の現在の燃料は、実際には何億年も前に生きていた先史時代の動植物である。生を終えると、これらの残骸は岩、泥、砂の層に埋もれ、時々その上に水路が形成され、何百万年もの間に分解し、化石燃料を形成した。例えば、石油やガスは、藻類や原始プランクトンなどの水中に生息する生物からつくられた。

化石燃料または生物学的起源の燃料は、燃焼すると二酸化炭素を生成するため、温室効果を進めてしまうということだ。数少ない記号で構成されたこの単純な式は、私たちがすぐに進む方向を変えなければ将来どうなるのかを、簡潔で美しくありながら、容赦のない方法で説明するのだ。

だから、気に留めて欲しい、私たち人類の未来を。地球は私たちの残虐行為を生き延びるだろう。チョルノービリ周辺の緑豊かな森は、私たちにそれを思い出させるためにそこにある。消えてしまう危険を冒しているのは、私たち自身である。

持続可能な科学が切り開く人類の未来

この章の冒頭で見たように、化学は私たちの周りの世界の一部であり、私たちの幸福のために地球資源を利用するのに役立つ。化学者は、電子機器から医療まで、私たちが毎日使う物品を構成する多くの素材を研究し、地球が提供してくれる資源を、人間が使えるように助けてくれる。化学はまた、私たちの地球全体の持続可能性を高め、その住民、特に最貧地域に住む人々や将来の世代のニーズを満たすうえで、重要な役割を果たす。

いわゆるグリーンケミストリーや持続可能な科学は、地球をきれいにするだけでなく、汚染を回避するためにも役立つ。例えば、大気汚染や水質汚染を観察し、計測し、減らすための手段や方法を開発することで、周囲の環境を理解、監視、保護、改善するのを助ける。汚染物質を詳しく理解することは、健康への影響（例えば、健康問題と大気汚染との相関関係）を理解し、害を軽減するための技術を開発するために重要である。正確に計測することにより、空気の質を改善するための政策への適合性を検証できる。

また、科学のおかげで、輸送手段による二酸化炭素排出量の削減、よりクリーンな燃料の開発、エンジン効率の向上、自動車の新技術の考案（水素自動車用のバッテリーや燃料電池など）、および車両の排気ガス汚染制御の改善が可能である。ダンパー、微粒子フィルター、三元触媒コンバーターなどのデバイスは、ガソリンエンジン内部で一酸化炭素、未燃炭化水素、窒素酸化物を低減する。近い将来、衣服や建物でさえ、酸素と光のみを使う光触媒プロセスによって空気を浄化する可能性があることを排除するものではない。

分子と原子で現代化学に貢献したアボガドロ

エッフェル塔に名を刻まれている、あの伝説的に名高い科学者72人の中に、もしかしたら含まれなかったかもしれない人物がいる。

それは、物理学者、数学者、天文学者のギュスターヴ・コリオリである。例えばコリオリ効果として知られる重要な物理現象は、彼にちなんで名付けられている。コリオリの力は見かけの力であり、地球などの円運動をする基準系に対して移動体について観察できるものである。これは、例えば、大気中の低気圧性および高気圧性システムの形成に関係し、弾道学において重要である。地球が回転しなければ、そのような力は存在しない。

しかし、コリオリよりも早くその存在を察知していたのが、イエズス会士であり、天動説支持のイタリアの天文学者であるジョヴァンニ・バッティスタ・リッチョーリ（１５９８年～１６７１年）だった。ところが、おそらくそれを測定するための装置がまだなかったため、そして何よりも、リッチョーリ自身が天動説という偏見の犠牲者であったため、間違っているのは自分の理論に違いないとリッチョーリは結論づけたのだった。

アメデオ・アボガドロ
（1776年～ 1856年）

こうして、１５０年後にこの発見の栄誉と名声を手にしたのは、ギュスターヴ・コリオリであった。リッチョーリは、世界初の月面図の一つを作成し、彼の名がついた小惑星と未知のクレーターも持っていたが、科学史の中で比較的低い地位に甘んじるほかなかった。

一方、この事象を正しく理解したにもかかわらず、同時代の人々に理解されなかったのは、イタリアの科学者トニーノ・ロレンツォ・ロマーノ・アメデオ・カルロ・アボガドロである。

アボガドロは、クアレグナ・セレットの伯爵であり、友人や科学者仲間、そして学生からはアメデオと呼ばれていた。1776年にトリノで生まれ、教会法を専門とする法律を学んだが、法律や法典はアボガドロの天職ではなかった。そして、若い頃早々に科学に興味を移し、現代の化学の柱となる素晴らしい成果をすぐに出した。

アボガドロは重要な法則を発見し、後に、その法則には彼の名がつけられた。それは、同一温度、同一圧力の、同じ量の気体はどれも分子を同数含んでいると示すアボガドロの法則である。その数年後、前章で詳しく説明したアンドレ＝マリ・アンペールが同じ結果にたどり着いた。

アボガドロはまた論文で、「基本分子」と「結合分子」の区別を初めて紹介し、結合分子の分裂の可能性の仮説を論じた。イタリアの科学思想史の歴史学者であるマルコ・チャルディが著書『元素の秘密（*Il segreto degli elementi*）』で指摘しているように、アボガドロの単純分子の概念は、当時、現実の物理的存在がある実体ではなく、数学的な性質の抽象的なものだった。

アボガドロが打ち出した概念はすべて非常に革新的で、それ自体では理解されなかった種々の実験結果を理路整然と説明したのだが、当時の科学界の反応は冷ややかだった。そして、アボガドロの法則の基本的な価値は、アボガドロの死から４年後の１８６０年に初めて、もう一人のイタリアの化学者スタニズラオ・カニッツァーロの貢献によって、最終的に認識されるに至った。結合分子と基本分子の違いについては、数十年の時を経てようやく確証を得た。それが、今日それぞれ分子と原子と呼ばれるものである。

このように、アボガドロの功績の評価は、生前、満足のいくものではなかった。しかし彼の死後、化学で最も重要な普遍的な定数に、アボガドロ定数という彼の名前がつけられたことによって報われたと言える。これにより、今日、国際システムの七つの基本単位の一つ、モル（mol）の再定義が可能になった。

「モル」で束ねる

大きい数字を扱うことは、一般的に人間の頭脳にとって単純な作業ではなく、実用的ではない。10人ほどの子ども、20頭ほどの羊、１００冊ほどの本というものは頭の中にイメージできるが、数がなお一層大きくなると、私たちは皆、確信が持てなくなる。

例えば、イタリア語における、百万長者（*milionari*）と億万長者（*miliardari*）の定義を考えてみよう。もちろん、数十億（*miliardi*）は数百万（*milioni*）より多いため、私たちは誰でも百万長者ではなく億万長者になりたいと思う。

だが、それがどれくらい多いのか。本当にそんなに大きな違いがあるのか。直感的に言うのは難しい。私たちのほとんどは、百万長者または億万長者であることが何を意味するか考えた経験がないからだ。ボストン・コンサルティング・グループの調査によれば、イタリアには投資可能な資産が１００万ドルを超える人は約40万人いて、成人人口の約１％である。間違いなく少ない。

しかし、数百万と数十億という数を、時間など、私たちがより直接的な経験を持つものに換算すると、状況は一変する。例として１００万秒について考えてみよう。それは約11日半である。一方、10億秒は32年に相当する。クリスマス休暇の長さと人生全体のかなりの部分という違いだ。こうすると違いがよくわかるだろう。

大きな数はまた、しばしば非実用的だ。例えば、印刷所でA４サイズのチラシを1万部印刷する必要がある、と想定してみよう。作業者が倉庫に行き、紙の在庫をチェックする。一枚ずつ数えるなんて不可能な作業である。一束５００枚なら、束を数える方がはるかに簡単だ。棚に少なくとも20束あれば、それを数えるのは瞬く間に実行できる作業であり、問題ない。そして、もし数が少なければ、注文する必要がある。

同様の論理が果物にも当てはまる。私たちはスイカを個単位で購入するが、サクランボは間違いなく、個単位ではなく重さで購入する。サクランボは、１００個買おうと思う人は誰もいないし、１００個ではパントリーにたくさんあるのか少ないのかをすぐに知ることもできない。しかし、８００グラムが約１００個のサクランボの重さだと考えると、六人の招待客に夕食を出す必要がある場合はその量で問題ないが、一人分のおやつには間違いなく多すぎることがすぐにわかる。

微視的な世界を研究するとき、つまり、物理学者や化学者がするように物質の迷路に入るときにも、同様のことが起こる。

例えば、水。その分子の化学式はH_2Oと書かれる。すなわち、水素原子二つと酸素原子一つで構成されている。それを生成するには、化学者が書いた（式14）の化学式に従って、水素と酸素を適切な比率で反応させる必要がある。

化学の言語から普通の言葉にすると、この

$$2H_2 + O_2 \rightarrow 2\,H_2O$$

（式14）
水を生成することを示す化学式

式は次のことを意味する。

二つの水素分子が酸素分子と結合して二つの水分子を生成する。酸素分子には二つの原子があるが、水の分子では一つで十分であるから、これらの比率を尊重する必要がある。酸素と水素から一定量の水を生成したい人の立場に立ってみればわかるだろう。あるいは、家でパスタのタリアテッレをつくりたい場合なら、小麦粉100グラムごとに1個の卵が必要である。

これらの材料を数え、計量するのは比較的簡単だ。しかし、原子や分子はどのように計量されるのだろうか。原子や分子は微視的なものであり、水素原子の大きさは10億分の1メートル未満で、実際には見えない。それは間違いなく直接観察によって数えることはできない。そのため、測定単位をもっと扱いやすいものにしなければならない。

ここで、モルが必要になる。モルとは、一種の「束」である。

微視的な基本単位（原子または分子）の数を測定するために、物質量と呼ばれる物理量が使われる。物質量は、国際システムの七つの基本的な物理量の一つである。これは化学の基本的な量であり、特定の量の物質の中に存在する原子または分子の数、例えば1リットルの水に存在する分子の数を測定する。その測定単位がモルであり、ここにアボガドロがいる。一束にはちょうど500枚の紙が入っていると決められているのと同じように、1モルには、特定の物質の基本分子が正確な非常に大きな数含まれていると定められたのだ。

皆さん、大きな数に対して心の準備はできているだろうか。

それは、実に、６０２２垓１４０７京６０００兆という数に相当する。これは、科学にとって非常に重要な数であり、現代化学構築へのアボガドロの重要な貢献が認められ、アボガドロにちなんで名付けられた普遍的な定数である。

このアボガドロ数は、深い科学的議論に端を発した数であり、徐々に正確に決定された。そして、２０１９年の国際システムの革命的改変に伴い、モルの新しい定義の基本定数として使われるようになった。それまでモルは、キログラムに依存する、より面倒な方法で決定されていたのだ。

物質量１モルは、はるかに扱いやすく、重量で表示すれば非常にわかりやすくなる。分子状酸素１モルは16グラムの物質に相当し、分子状水素１モルが２グラム、水１モルが18グラムである。

これらの数値は、単一の水素分子の質量よりもはるかに合理的である。なぜなら、単一の水素分子の質量は、キログラムで表されると小数点以下に26個のゼロがあるほど小さい数値であるからだ。

よって、モルは、目に見えない微視的な世界を観察可能な巨視的な世界に結びつけ、印刷用紙の束のように、化学者の仕事をはるかに実用的にする。モルのおかげで、物質量とその質量（キログラムまたはグラム）を簡単に関連づけることができる。アボガドロ数は変換係数であり、一種のかけ橋であり、「恐ろしい」数の原子や分子を、物質量というはるかに穏やかな数値に変換するのだ。

偉大な科学者自身は、決して「束」にはならない

1943年11月9日、パドヴァ大学は第722年度を開始した。当時イタリアは、歴史上極めて暗い時期を経験していた。それよりわずか数ヶ月前の9月8日には、第二次世界大戦で降伏。ドイツ軍によるカンポ・インペラトーレからのムッソリーニの解放と、失脚したムッソリーニをドイツが支援したイタリア社会共和国（1943年～1945年）の建国の宣言。

そのほんの少し前に学長に就任したのは、著名なラテン語学者であると同時に共産主義者であり、強い反ファシストであるコンチェット・マルケシだった。マルケシは、ファシスト政権によって選ばれた前任者の代わりに、バドリオ政府（1943年～1944年）によっ

て指名され、9月初旬に学長に就任した。

マルケシの学術上の目標は非常に明確だった。彼は9月10日のイタリアの全国紙『イル・メッサジェーロ』のインタビューで、次のように締めくくった。

「イタリアの大学では、新しい生活がすぐに脈動しなければなりません。（中略）私は、大学研究の自由な教育の場を直ちに奨励します。（中略）自由とは何か、受け入れたい、あるいは拒否したい経済的および政治的教義はどれか、我らが祖国、人民、働く人々の最高の利益は最終的に何なのかについて話し合い、実験することができる場としてです。この新しい空気は、イタリアの大学にすぐに浸透しなければなりません。これは、大学の若者たちにすぐに広まらなければならない新しい息吹です」

しかし、状況は悪化し、北イタリアは、イタリア社会共和国で息を吹き返したファシズムによって押しつぶされた。マルケシは学長を辞任すると表明するが、イタリア社会共和国には受け入れられなかった。彼の学術的名声は高く、ファシズム政権下にありながら、北イタリア最大規模の大学の学長が共産主義者という、非常に珍しい状況にあった。したがって、11月9日の大学の始業式は、ファシズム政権に反対する、明らかな政治的行為となった。

当時の報道によれば、始業式の満員のホールでは、イタリア社会共和国の制服を着た少数の学生が、皆ムッソリーニとイタリア社会共和国への忠誠を讃（たた）えよと騒いだ。そして、マルケシは、この学生らを追い払うために懸命に動き、歴史に残るスピーチをした。

「代わりに、何か新しい、特別なものがあり……」マルケシは話し始める。「大きな痛みと大きな希望のように、それは、一人の儚い言葉よりも、今日教師と弟子たちの要望を伝えるこの輝かしい大学の人々の声に耳を傾けるために、私たちをここに集めてくれました。そして、ここにいる教師と弟子たちは、遠くに離散している人々、行方不明になった人々、戦死した人々のために行動します。ですから、今日、小さな街の中の、私たちの間で、痛みを神聖なものにし、希望を確実にする儀式を行います」

学長は続ける。

「大学は、若者にとって間違いなく最高の知的訓練の場です。精神の問題が徐々にまたは衝動的に起こり、魂が、おそらくこれからずっと個人の存在の根本的真理となるものを知り、認識することに、より真剣になる場所です。そして、私たち教員は、特定の科学研究の目的や方法を教えるだけでなく、人類の歴史のこの広く無限の謎に包まれた道で何が起こっているのかと私たちに尋ねる若者たちに、条件をつけたり沈黙することなく、自分自身の考えをさらけ出す義務があります」

最後に、彼は心から訴える。

「皆さん、この苦悩の時代に、執拗(しつよう)な戦争の廃墟(はいきょ)の中で、私たちの大学の新年度が再開されます。若い諸君、私たちの誰にも救いの精神が欠如することのないように。その精神があれば、ひどく破壊されたものがすべて蘇り、しかるべく期待されていたことすべてが実現されるでしょう。若い諸君、イタリアを信頼して下さい。それが、あなた方が自身を鍛錬し、勇気を持つことによって支えられるならば、イタリアの命運を信頼して下さい。世界の喜びと尊厳のために生きなければならないイタリア、多様な民族、多様な人々が共存する文明が覆い隠されない限り隷属状態に陥ることがないイタリアを信じて下さい。１９４３年のこの11月9日、労働者、芸術家、科学者のこのイタリアの名にかけて、私はパドヴァ大学の第７２年度が始業したことを宣言します」と。

自由を求めて、民の文明を覆い隠していたであろうファシズムへの隷属に反対する、その情熱的なスピーチは転換点となった。

数週間後、マルケシは自宅を出てパドヴァの友人たちのところへ身を隠し、その後ミラノに向かわなければならなかった。彼はまたそこからスイスへも逃げなければならず、紛争が終わるまでそこに留まり、レジスタンスとの緊密な接触を続けた。

レジスタンスには、ヴェネト州で著名なリーダーだったエジディオ・メネゲッティがいた。医学と薬理学の教授であり、１９４３年までマルケシとともにパドヴァ大学の副学長を務めていたメネゲッティは、著名な科学者でもあり、医学に重要な貢献をした人である。１９４

3年からレジスタンスの活動に積極的に参加した。彼は1945年に逮捕され、拷問を受け、イタリア北部のボルツァーノの強制収容所に移送され、その後ユダヤ人絶滅収容所に送られた。しかし、戦争終結前の数ヶ月の激しい爆撃により、北イタリア・ドイツ間の鉄道路線が中断されたために、メネゲッティはかろうじて命を救われた。

その1世紀余り前、アメデオ・アボガドロは、トリノ大学で、科学の数学的原理研究専門の「理論物理学（*fisica sublime*）」の終身在職の正教授を務めた。

今日、この「*fisica sublime*」という物理学の定義の起源を忘れないで欲しい。世界最高峰のイタリア語の百科事典を出版しているトレッカーニ社の辞書に書いてあるように、「イタリア語の『*sublime*〔崇高な、気高い〕』という言葉は、ラテン語の『*sublimis*』から来ており〔*sublimus*は派生語〕、『*sotto*〔下〕』という意味の『*sub*』と『*soglia*〔限界〕』という意味の『*limen*』で作られている。つまり、『最高の限界値まで達している』という意味である」

1820年から1821年ごろまで、アボガドロは、ヨーロッパを震撼させ、ピエモンテの学術界と学生界に共鳴した革命運動の主人公たちの近くにいた。このため、カルロ・フェリーチェ王は1822年に、アボガドロとその他何人かの在職教授を抑圧した。トリノ大学は実際、「この興味深い科学者（アボガドロ）が自身の研究により注力できるように、重い教職義務から休みを取ることを喜んで許可した」。

アボガドロはこうした情勢に背を向けなかった。ナチスファシズム時代のマルケシ、メネゲッティ、フリッツ・シュトラスマン、シルヴィオ・トレンティン……。そして、今日でも思想、教育、研究の自由が危険にさらされている国々の多くの学者たちのように。こういう人たちのリストは非常に長いものになるだろう。彼らのような人道主義者、科学者、医師たちにとって、研究に内在する批判的思考が、彼らの社会における存在意義となった。

２０２２年に８００周年を迎えるパドヴァ大学のモットーは、「パドヴァの自由は、普遍にあり、あらゆる人のための自由である（*Universa Universis Patavina Libertas*）」と書かれている。これは、大学と知識と教育の場が常に自由、受容、そして寛容の道標となるようにという、普遍的な希望である。

第7章
カンデラ

生命の
「明るさ」を
測ったろうそく

ヤン・インゲンホウスによる天然痘のワクチン接種

ユストゥス・サステルマンスによって1626年に描かれ、フィレンツェのピッティ宮殿のパラティーナ美術館に収蔵されている、トスカーナ大公のフェルディナンド二世・ディ・メディチの肖像画は、ウフィッツィ美術館コレクションの中で最も「ボッティチェッリ風」の顔に似つかわしくないものだ。これは美術館による説明であるが、写真を見るとそれがすぐにわかる。天然痘に感染して9日目で苦しんでいた当時16歳のフェルディナンド二世をキャンバス上に描いたのが、著名な肖像画家、宮廷画家であり、フィレンツェに所蔵されているガリレオの二つの有名な肖像画の作者でもあるサステルマンスだった。この若い貴族の顔は、天然痘の典型的な症状である発疹（ほっしん）で完全に覆われている。この発疹は高熱とともに胴体にも現れ、中咽頭にまで浸透して、食べることも難しくなり、しばしば死に至ることもあった。運よく助かっても、一生深い跡が顔に残った。

トスカーナ大公のピエトロ・レオポルドが、今日的に言う「ワクチン賛成派」になったのは、この肖像画に影響されたからかもしれない。1769年、大公はオランダの科学者であるヤン・インゲンホウスに依頼し、自分自身、その次に子供たちに、天然痘から免疫をつくる先駆的な技術、いわゆる人痘接種法を試した。インゲンホウスはまさに人痘接種法の高い技術を持っていた。その技術は、患者から採取した天然痘小胞の液体に針を浸して、患者の皮膚に表面的な切開を行い接種するというものだった。

1730年生まれのインゲンホウスは、イギリスで何百人もの人にこの手法を試し成功していた。この名声のおかげで、彼はオーストリアの皇后マリア・テレジアから呼ばれ、皇后とその家族に予防接種をするよう求められた。

天然痘は実際に非常に手ごわい病気であり、18世紀だけでヨーロッパで約6000万人が死亡したと言われている。ヴォルテールは、イギリスでの滞在から着想を得て考えを綴り、1733年に出版した『哲学書簡（*Lettres philosophiques*）』の中で、人口の約60％が天然痘に感染し、死亡率は最大20％であると述べており、予防接種は、イギリスと同じように、フランスでも定着するだろうと期待した。

その何十年か後の1798年、イギリスの

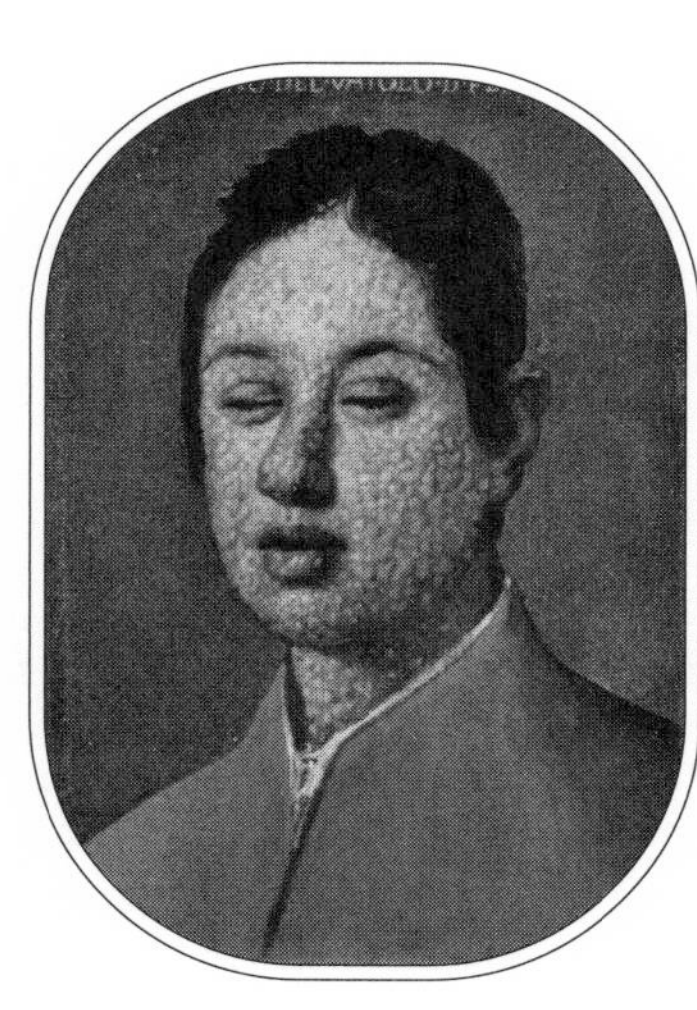

フェルディナンド二世・ディ・メディチ
（1610年〜1670年）

エドワード・ジェンナー
（1749年～1823年）

医学者であるエドワード・ジェンナーが、天然痘に対する最初のワクチンを開発した。これは世界で開発された非常に効果的な最初のワクチンでもあった。

ジェンナーは、牛痘の膿（うみ）に接触した農民は、しばしば人間を襲うウイルスの免疫を獲得するか、少なくともはるかに軽い良性の症状を示していることに気づいた。牛痘は、牛がかかり、人間の天然痘と同様の膿疱（のうほう）を引き起こす病気だった。そこでジェンナーは、明らかに一定のリスクを伴う、それまで行われていたようなヒト由来のウイルス接種ではなく、牛由来のウイルスを接種することにした。そのため、この技術に、ラテン語の「*vacca*（牛）」から「ワクチン（*vaccine*）」という名前がつけられた。

天然痘は、世界最初の科学的証拠としてエジプトのミイラに病歴が残っており、その起源は約３０００年前にさかのぼるが、ワクチン接種のおかげで、ついに世界から根絶された。しかし、ヴォルテールの言葉から約２００年経った今でも、ワクチンを信じない人々がいる。歴史は誰にとっても人生の師であるというわけではなさそうだ。

忘れ去られた「光合成」の発見者という側面

科学の歴史は、ヤン・インゲンホウスにとってそれほど寛大ではなかった。彼の名前は一般的にあまり知られていない。しかし、インゲンホウスは私たちの集団的記憶の中で重要な地位が与えられるべきである。実は、１７７９年に、植物が光エネルギーを化学エネルギーに変換するプロセスであるクロロフィル光合成の理解に欠かせない貢献をしたのは、彼だった。

ヤン・インゲンホウス
(1730年～1799年)

それより数年前、イギリスの自然哲学者、教育者、政治哲学者であるジョセフ・プリーストリーが、小さなガラスのフードカバーの中で燃えるろうそくが消えるまでに消費された酸素を、植物がどのように再生できるかを示す実験を行った。これに対し、インゲンホウスの功績は、植物に関連する光の決定的な役割を解明したことである。彼は、日光の下では葉によって、暗闇の中では二酸化炭素によって、酸素が生成されることを解き明かしたのだ。1779年にこの発見を発表し、その後の何世紀にもわたる植物の生命に関するさらなる研究に大きな影響を与えた。

今日、植物、藻類、シアノバクテリア（藍色の原核藻類）が、太陽光、水、二酸化炭素を使って酸素をつくり出し、糖分子の形でエネルギーを蓄えていることが知られている。光合成は、膨大な量の太陽エネルギーを集めて変換することができるため、地球上の生命にとって不可欠なプロセスである。ほとんどの植物は、光合成によって、エネルギー源として必要で複雑な有機分子を生成している。光合成中につくられる糖は、光合成細胞から得られるグルコースなどのさらに複雑な分子の基礎となる。地球上の光合成は平均約100兆ワットを使うと言えばその規模がわかりやすいだろうか。これは、人間の活動に必要な電力全体の約5～6倍に相当する。

エネルギーの変換の他に、光合成の効果として生命に不可欠なのは、地球の大気への酸素の放出である。光合成生物のほとんどは、副産物として酸素を発生するため、光合成の出現は地球上の生命を永遠に変えた。光合成生物はまた、大気から大量の二酸化炭素を除去し、炭素原子を使って有機分子をつくる。

地球にだけ生命をもたらした「光」

地球上に生命がもたらされた素晴らしい偶然の一致の一つに、太陽と水の間の驚くべき相互作用がある。太陽と水は、まったく異なる、物理的に独立した二つの物質である。ただし、その特性は大きく相互に関係している。

太陽は天然原子炉であり、内部では核融合によって膨大な量の核エネルギーが他のエネルギーに変換され、その一部は電磁放射などとして地球まで到達する。太陽は毎秒６億トンの水素を溶かし、大気圏外１平方メートルあたり１３６０ワットほどを放射する。これは、太陽定数として知られている数値である。１平方メートルがおおよそダイニングテーブルの面積だと考えると、放射する量が膨大であることに気づくだろう。大気圏外の１平方メートルに一時間に到着するすべての太陽エネルギーを再利用できれば、冷蔵庫を丸一日動かすことができるだろう。

地球は丸く、いつでもその表面の一部だけが太陽光にさらされていることを考慮すると、地球は平均して１平方メートルあたり約３４０ワットを受け取る。このエネルギーはすべて、重要な役割を果たしている水と繊細なバランス状態を保つ。水蒸気は、温室効果の主な要因の一つであり、この自然のプロセスは、今日人間の活動の影響を急激に受けているが、このプロセスによって、地球はこれまで、凍結して宇宙をさまようことなく、無数の生命体の誕生の地となってきた。

地球の平均表面温度は14℃であり、太陽放射によってこの水準に維持されている。太陽放射は、地球によって3分の1が反射され、3分の2は吸収される。吸収された分は、再び電磁放射の形で再放出されるが、特徴が変わる。地球が放射する電磁エネルギーは、元々太陽から来る放射を構成する周波数とは異なる周波数を持っており、それは主に赤外線の中に見られる。赤外線は大気に吸収されて再び地球に放射されるため、その違いは小さくない。

この効果は太陽熱効果を増幅する。それがいわゆる温室効果である。今日、温室効果の評判はよくない。ただ実際には、自然現象として、地球上の生命にとって不可欠でもある。温室効果がなければ、地球の平均気温は今日の約14℃から零下18℃まで下がってしまい、地球は実質的に氷の球ということになってしまうだろう。

温室効果を生み出すのは、大気中にわずかな割合で存在するガスである。窒素や酸素など、大気のそれぞれ78％と21％というように大部分を占める気体が生み出す温室効果は大きくなく、無視できる程度であるが、定量的には、温室効果の主役は水、または水蒸気であり、平均して約1％の濃度で存在する。同様に重要なのは、はるかにもっと低い濃度で存在する二酸化炭素とメタンである。CO_2として知られる二酸化炭素は大気中に約400ppm存在し、メタンの場合はさらに少ない。しかし、二酸化炭素は低濃度であるにもかかわらず、調整機能があるため重要な役割を果たす。実際、二酸化炭素の変動は大気の温度を変化させ、それによって水蒸気含有量が変化し、温室効果に劇的な影響を及ぼす。

このように、繊細な均衡が保たれている中、小さな変化が大きな影響を及ぼすことになる。これが、人間によって引き起こされた大気中の二酸化炭素濃度の継続的な増加が、地球にとって非常に危険である理由である。

太陽と水の相互作用は、大気中だけでなく海でも起こる。

太陽が放出する電磁放射のうち、一部は人間の目で知覚できるような波長を持っている。通常、日光は私たちには白黄色に見えるが、実際には、「混合」された多くの色で構成されている。これはいわゆる可視域のスペクトルであり、約4000億～8000億分の1メートルの波長を特徴としている。そして各波長が色を決めている（太陽光スペクトルは連続的であり、したがって色間の正確な境界を特定できないため、技術的にはこの説明は完全には正確ではない）。個々の色は、例えば虹の現象に現れる。

そして、地球上の生命について非常に重要なのは、水が光を好むという事実である。水は電磁放射の優れた吸収体である。この現象を示す実例は多い。ほとんど誰でも家庭で観察できるものは、例えば、電子レンジでの調理である。これは、食品に含まれる水分子が特定の波長を吸収するために起きることである。より高度な技術に関する例としては、潜水艦との無線通信が困難であることや、核分裂プラントからの使用済み燃料が貯蔵されているプールなどがある。使用済み燃料プールは、水が高エネルギー放射線の優れた吸収体でもあるため実現できる技術である。

しかし、この特性には注目に値する例外がある。それは可視光である。4000億~8000億分の1メートルの非常に狭い光の波長範囲（5億分の1メートルから10メートルに及ぶスペクトル全体と比較すれば明らかに狭い範囲）では、水は光を通し、透明である。それはまさに可視光の波長範囲である。この範囲で、太陽放射が最大になり、人間や動物の目が光を感じられ、光合成で植物や藻類に吸収されるのである。可視光線の範囲より波長が短い紫外線では、水に吸収される量が劇的に増加するため、私たちは太陽の紫外線から一層守られる。

水の透明性は、海洋生態学の重要な要素である。光のおかげで、海洋動物は獲物を見ることができる。太陽はまた、すべての生物学的現象の基本的なエネルギー源であり、その光の浸透によって光合成が起こり、海洋生物のために食物をつくり出し、とりわけ地球のために酸素を生成する。藻類と植物プランクトンによって行われる光合成の結果として、大気中の酸素の少なくとも半分がつくられると推定されるので、私たちは呼吸するたびに海に感謝しなければならない。これは、陸生植物が光合成をするようになるずっと前から行われているプロセスである。陸生植物の最も古い化石の記録は約4億7000万年前にさかのぼるが、シアノバクテリアと藻類の化石は約35億年前のものが発見されているのだ。

水の吸収スペクトルと太陽放射のピークは、明らかに物理的に独立した現象だが、その二つが重なることは地球上の生命にとって幸運である。

「光を測る」とはどういうことか

私たちの命の始まりと終わりが「*vedere la luce*（光を見る、生まれる）」と「*chiudere gli occhi per sempre*（永遠に目を閉じる、永眠する）」という二つの表現で示されるように、人間の生活にとって光と視覚がどれほど重要であるかは容易に理解できる。視覚はおそらく人間の感覚の中で最も強力であり、光は常に主要な宗教の象徴であり、識別力、知恵、真実に対する人類の古代の比喩の一つである。例えば聖書では、神は、天と地を創造した直後に、星よりも前に、光を創造する（創世記／1章3節、1頁）。よって、当然のように、光の測定単位、より正確には光度の単位が、国際単位系の中で人間とのつながりが最も強い。そして、高度に技術が進んだ今日でも、最も古い照明器具の一つであるカンデラ（「ろうそく」を意味するラテン語「*candela*」）という名前を冠している。カンデラ（cd）は、国際単位系では七番目、すなわち最後に制定された基本単位である。これは、光度を測るものである。専門的に言えば、点光源から所定の方向へ放射される、単位立体角あたりの電力である。客観的にはやや厄介な定義だが、詳細に立ち入る必要はない。

重要なのは、カンデラが、人間の視覚系によって知覚される光を測定する科学である、測光の基本単位であるということである。これは、物体から放出される光の全体量を表すものではない。

光の全体量は光束によって表され、その単位はルーメン（lm）である。これは、電球のパッケージに表示されているため、今日よく知られている。

実際、電球の性能はカンデラではなくルーメンで測定される。ルーメンは、電球がすべての方向に、合計でどれだけの光を発するかを示す。ルーメンの表示は、電球が配置されている環境全体をどれだけうまく照らすかを教えてくれるので、これは実際のニーズに応えるものである。

一方、カンデラは、直接見たときの光源の明るさ、光度の尺度である。三次元空間で放射する光の概念を数学的に説明するためには、立体角が使われる。これは、ある意味、平面角度の三次元拡張である。例えば、ケーキを六つに分けてみよう。各ピースは皆、ケーキの中心に頂点があり、角度は60度ある。これを三次元拡張して、ボールについて考えてみよう。立体角は、先端がボールの中心にある円錐形の球面上の部分であり、ステラジアンという単位で測定される。そして、この立体角の単位、ステラジアンあたりに放射されている光束を測定したものが光度（cd）である。

さて、ルーメンは放出されたすべての電磁放射に使われ、カンデラは電球を見ている観察者が見ることができるものにのみ使われる。また、カンデラは、X線、マイクロ波、電波など、ワットが使用されるあらゆる種類の電磁放射に使われるわけではない。そのため、カンデラは非常に特殊で人間中心主義の単位である。カンデラは、私たちの目が感じることのできる光（可視光）を測る。これは、目で見ることができる光源から、特にその光源の私たちの目に入る部分から直接来る光を測るものである。

何千年もの間、炎が唯一の人工光源であり、実際、17ヶ国がパリでメートル条約に署名した1875年でもまだそうだった。当時、電球の開発は始まったばかりで、イギリスの物理学者、化学者であるジョゼフ・ウィルソン・スワンが炭素フィラメントを備えた白熱灯の特許を取得したのは、1878年だった。同時期アメリカでは、トーマス・エジソンがその改良に注力した。3年後の1881年には、ロンドンのサヴォイ劇場が白熱電球を使った最初の公共の建物となった。しかし、電灯が広く普及するまでには、それからさらに数十年かかった。

転換点となったのは、1948年だった。

それまで、光度の測定にはさまざまな基準が使われていた。一般に、基準として使われる実際のろうそくの炎の明るさに基づいていたため、ろうそくの構成分と形状が明確に定義されていた。または、事前に定義された特性の白熱フィラメントの明るさに基づいていた。必然的に、このような複数の基準に基づいた単位は均一ではない。他の基本単位でも起こったように、光の測定の一層確固たる普遍的な単位を定めるために、測光の知識と応用の進歩が必要とされた。

そして、1948年に、キログラムに関する章で説明した黒体の熱放射による光を、基準として用いることが決定された。この放射の特性はよく知られている。非常に高温の金属から放出が可能で、そのため、一定光量の再現性が高いのだ。具体的には、1768℃という大気圧での融点での放射物質として、白金が選択された。

しかし、基準のメートルやキログラムを定義する原器の場合と同様に、カンデラの場合も、白熱発光源である白金という人間がつくる人工物を基準としているため、再現するのは容易ではなかった。そして、１９７９年には、より高精度の光源と光検出器が利用できるようになったために、人工物を使わず、新しい定義を採用することが決まった。

とりあえず、まずそれをここに記すが、意味不明だと思われるということはわかっているので、後ですぐに説明することにする。その新しい定義はこう記されてあった。

「カンデラ（cd）は、所定の方向における光度の単位であり、周波数５４０兆ヘルツの単色光を放射する光源で、所定方向の放射強度が１ステラジアンあたり１／６８３ワットである」

どうだろう、ほとんど理解不可能だろうと思う。

では解読してみよう。まず、この「周波数５４０兆ヘルツの単色光を放射する光源」というところから始めよう。それは、緑色の光を発する光源である。実際、周波数が５４０兆ヘルツの電磁波は、緑の色合いに相当する。偶然ではなく選択された色である。人間の目の感度が日光条件または明所視（光量または輝度が十分な状況での目の視覚）で最大になるのは、まさにこの緑の色合いに対してである。

次に、６８３というのは、変な数に思えるだろう。実際、ちょっと不思議な数字である。実は、緑の基準光源の光度が実際のろうそくの光度と可能な限り一致するように、意図的に選択された数字なのだ。こうして、新しいカンデラは、それまでのカンデラと一致する。

国際システムの基本単位が完全に普遍的な定数に基づくようになっても、カンデラの定義への影響は比較的小さい。基本的に、前述の緑色光源の発光効率が基準定数として選択され、K_{CD} = 683カンデラ・ステラジアン／ワットに等しく設定された。ここで、ワット（二次単位）は基本単位であるメートル、秒、キログラムとそれに関連するそれぞれの普遍的な定数によって定義された。宇宙の特性である真空中の光速cや電気素量eなどの他の普遍的な定数とは異なり、K_{CD}は非常に人間的な定数なのだ。地球に到着した火星人は、cとeの値については問題なく同意できるだろうが、火星人が私たちとは異なる視覚系を持っているとしたら、私たち人間の都合のためにだけ選ばれたK_{CD}の値を非常に恣意的だと考えることだろう。

科学は何の役に立つのか？

科学を信じることは、個人の利益を生み出すだけでなく、活動的な市民や啓蒙された立法者になる助けになることがよくある。トスカーナ大公だったピエトロ・レオポルドは、予防医療を信頼し、刑法の革新者でもあった。１７８６年11月30日に発表された、いわゆるレオポルド法典は、彼の業績である。これは、法的な啓蒙とイタリアの法学者、啓蒙思想者であるチェーザレ・ベッカリアの思想を取り入れたもので、刑法を大幅に改革し、大公国は世界で初めて非文明的な死刑制度を廃止した国となった。

大公は、法典の序章に次のように書いた。「(民の) 父として最高に満ち足りた気持ちで、刑罰の軽減と、反動を防ぐための最も的確な監視を組み合わせ、速やかな裁判、そして、真の犯罪者の迅速で確実な処罰を通じて、私たちはついに、犯罪の数を増やす代わりに、一般犯罪を大幅に減らすことができ、そして、残虐な犯罪をほとんどなくすことができた」

今でも通じることではないだろうか。

おわりに

人類の進歩に不可欠だった七つの単位

私たちは、今、世界の七つの測定単位を解明するための旅の終点にたどり着いた。国際単位系は、自然、世界、そして私たち自身を理解するための強力で普遍的な手段である。何十年にもわたる研究のおかげで、計測学はついに、もはや人工物に依存するのではなく、自然の不変の特性に依拠する測定システムに行き着いた。仮説的に言えば、人間がつくったすべての測定器（物差し、天秤ばかり、時計など）と一緒に私たちが地球から姿を消した場合、地球に植民するようになった新しいエイリアンの集団は、私たちの測定システムをそのまま再構築することができるのだ。光速やプランク定数は決して変化しないからだ。

しかし、測定システムは依然として手段であり、その重要な価値はそれを使う人の技術にある。ノミはテーブルの上にあるだけなら単純な鉄片であるが、ミケランジェロの手の中にあるとき、大理石からピエタ像を解放し、生み出す道具になる。それと同じように、電気測定や光測定全体も、そのままでは無意味な一連の数字であるだけかもしれないが、光電効果の分析においてアルベルト・アインシュタインによって解釈されるとき、量子力学の実験的基礎の一つになるのだ。

測定単位は、私たち人間の生活、幸福と知識の進歩になくてはならないものであるが、適切に設定され、使用されなければならない。測定システムという、この知性により構築されたものの美しさを解き明かした今、私たちは、それを使うのにどれほど注意を払う必要があるかを考えなければならない。集団的意思決定に使われる場合は特にそうである。

例えば、ある事象や体系を説明したり解明したりするために、不完全な一連の測定方法だけを使うと、その複合性や多くの重要な側面を見失うリスクにさらされる。現象を説明する物質量の一部だけに意図的に限定して測定することは、公平な知識の手段から、事実を歪曲する主役になってしまう可能性がある。本書の冒頭で述べたCTスキャンの品質の画期的な飛躍はまさに、従来のX線写真の単一の視点を、さまざまな角度からの多数の観察視点に置き換えたことにある。

電気自動車の環境特性を明らかにしたいのであれば、例えば、各自動車による二酸化炭素排出量の削減を測定するだけでは不十分であり、自動車を動かす電気がどこから来るか、そして、別の場所、おそらく私たちが自動車を使っている所からかなり離れた場所で、それを生産するためにどれだけの二酸化炭素が放出されているのかを評価することも必要である。そうでなければ、電気自動車が使われる場所の空気がきれいなことだけを強調し、問題が解決したと信じてしまう。すると、今日のように、主に化石エネルギー源から電気がつくられる場合、私たちは単に他の場所を汚染していることを忘れてしまうのだ。医療制度の成功を、それが提供するサービスの量だけで測り、サービスの質にも十分な資源が投資されているかどうかを問うことなく、重要なのは利益なのか患者なのかを評価しなければ、間違った選択、差別的な選択をする危険がある。

研究の質や研究が示すこれからの可能性よりも、出版物の数で科学を評価するのであれば、科学研究に未来はない。事前に設定された数少ない単純な項目だけで人を評価し、これからの可能性や志すものの価値を認めなければ、人間性の一部が失われ、ときに人が働く環境の生産性が低下する。違いや複雑さを無視し、ランキングや限定された項目、分類によってすべての評価を単純化してしまえば、不完全な測定や価値判断をし、尊厳ある未来を築くことができない、ごく単純化された選択や政策を促すようになってしまう。

測定することは貴重な手段であり、その背後には科学的知識と科学的方法を使って測定結果を解釈する人が存在しなければならない。

科学は、測定するということが理解の基本要素であることを認識し、実際に測定プロセスを体系化し、普遍化した。そして、その結果はいつでも共有および検証ができ、あらゆる理論の基礎となるだろう。測定する物理量の分析と選択は、分析対象の体系を最大限に広く特徴づけ、現実のものであれ、想像されたものであれ、できるだけ多くの観点に特別な注意を払うことを目的とした実験を行ううえで欠かせないものである。実験結果の分析評価が厳密に行われ、実験結果が再現できることは、確かな結論を引き出すために不可欠である。

科学は、誰もが必要なものを手に入れることができるような確実性を自動的に提供する機械ではない。むしろ、科学の発見は疑問と誤りの結果であり、研究者にとって疑問を持ったり間違ったりすることは恥ずべきことではなく、知識を得るための強力な手段である。そうして、科学はより人間的なものになるのだ。誤りや疑問は、実際、研究と同様に人生の基礎でもある。イタリアの作家でジャーナリストでもあるジャンニ・ロダーリは、1964年に著書『間違いの本（*Il libro degli errori*）』の序文で、次のように語っている。「間違いは必要であり、食物のように役に立ち、しばしば美しくもある。例えばピサの斜塔のように」

科学の歴史はそれを私たちに教えてくれる。

ウィリアム・トムソン、ケルビン男爵、アルベルト・アインシュタイン、エンリコ・フェルミなどの偉大な科学者は間違いを犯した。ケルビンは、地球の年齢推定を間違えた。フェルミは、自分が超ウラン元素を見つけたと思い、実際には核分裂を観察していることに気づいていなかった。宇宙は不変であると誤って信じていたアインシュタインは、これに対して相対性理論を互換性があるものにするために、宇宙定数を導入した。

しかし、これらの間違いは、すべて実りあるものに繋がって行った。

ケルビンの研究は、何らかの間違った結果を導いたにもかかわらず、地球年齢の研究を、45億年という正しい結果を得る新しい科学に短期間で変えることに貢献した。フェルミが間違って仮定した超ウラン元素に関する結論は、その後まもなく、オーストリアの物理学者リーゼ・マイトナー、ドイツの化学者、物理学者であるオットー・ハーンやフリッツ・シュトラスマンらの研究を刺激し、ウラン核分裂の発見に繋がった。ハーン自身も、フェルミがいなかったら、自分もマイトナーもシュトラスマンもウランに興味を持たなかっただろう、と認めている。アインシュタインの宇宙定数は、当時は誤った仮説によって示されていたが、実際には素晴らしい直感だった。事実、数十年後、宇宙が一定でない速度で膨張するという事象を説明するために、天体物理学者たちによって、この定数は再発見されたのだ。

これらの間違いは、科学の歴史における他の多くの間違いと同様に、常に新しい知識を生み出し、科学的思考を刺激して、その転機となってきた。得られた結果ごとに、行われた測定ごとに、科学はとどまることはなく、むしろ、それはさらに多くの疑問を生み出す。科学者は、達成された発見に対する熱狂は一瞬で冷めるが、疑問は生涯ずっと抱き続ける。

リチャード・ファインマンを引用すると、疑問は恐れを抱くべきものではなく、貴重な機会として歓迎されるべきものであることは間違いない。科学にとって、疑問を持つことは、畏敬の念や権威の原則から解放されることを意味する。なぜなら、科学は民主的であり、真に「1の値は1である」(つまり「一人ひとりの価値は同じだ」)からである。科学者各々が研究の大変さと素晴らしさをしっかり担っていれば。

このような自由な研究により、新しい道をたどり、未だよく知られていない物理量を測定し、革命的革新的なビジョンを導き出すことが可能になる。これは、科学以外の分野でも適用でき、進歩や幸福に対するビジョンが、単に財政的経済的なものになってしまわないようにする仕事の方法である。

そして、政治的な意図が強過ぎたり、一部のメディアから発信されたり、学術分野からしばしば権威的に出される、過度に単純化された言説は忘れて、科学と社会が結びつけば、私たちの周りの環境の、誰にとっても避けられない複雑さを、誰もが恐れることなく理解し、管理しやすくなる。不完全な検証に基づいて、強引に論旨を合わせた説明をしなければ、より狭く、どちら側からも上り坂になっているような険しい道を進むことになるだろうが、メッセージの内容の質と価値ははるかに高まるだろう。

人類は、私たちを取り巻く環境を測定するための手段の選択において、自然を拠りどころにすることにした。そして、個人と共同体の知性にも頼らなければならないだろう。そうすれば、これらの測定プロセスによって、私たち人類は、自然そのものとの持続可能な関係と、真に人類全体の普遍的な幸福の新しい基準を、再び創り出すことができるだろう。

著者略歴

ピエロ・マルティン

Piero Martin

イタリアのパドヴァ大学の正教授。

専門は、実験物理学(熱核融合)。物理学の進歩に貢献した人物として、

アメリカ物理学会で「フェロー」に選出されている。

国際雑誌に120本以上の科学論文を執筆し、パドヴァでのRFX実験、

欧州特別委員会の「ユーロフュージョン中型トカマク」など、

大規模な国際研究プロジェクトの科学責任者を務める。

ラジオ、テレビ、新聞などのメディアや数多くのイベントで、

積極的に科学の普及に努めている。

訳者略歴

川島 蓮

かわしま れん

翻訳・通訳者、文化人類学およびジェンダー学研究者。

オーストラリア国立大学博士号取得

(PhD., International, Political and Strategic Studies)。

NHKワールドニュース同時通訳、在日本メキシコ大使館、

国連女性開発基金(UNIFEM、現UN Women)勤務、

イタリアのローマ・サピエンツァ大学

非常勤講師などを経て、今に至る。

測る世界史

「世界の基準」となった7つの単位の物語

2023年6月30日 第1刷発行

著者　ピエロ・マルティン

訳者　川島 蓮

発行者　宇都宮健太朗

発行所　朝日新聞出版

〒104-8011　東京都中央区築地5-3-2

電話　03-5541-8814［編集］／03-5540-7793［販売］

印刷所　大日本印刷株式会社

Published in Japan by Asahi Shimbun Publications Inc.

ISBN 978-4-02-332287-5

定価はカバーに表示してあります。

落丁・乱丁の場合は弊社業務部(電話03-5540-7800)へご連絡ください。

送料弊社負担にてお取り替えいたします。